网页设计与制作

编著　张芳婷　谢明慧

参编　金　钰　王欣晨　刘　羽

东南大学出版社
SOUTHEAST UNIVERSITY PRESS
·南京·

内容提要

Dreamweaver CC 是集网页制作和网站管理于一身的网页编辑器,本书为快速地入门 Dreamweaver CC 提供了一个崭新的学习和实践平台。根据初学者的学习习惯,采用由浅入深、由易到难的方式讲解,首先对网页制作基础知识、网页设计基础知识进行详细介绍;其次介绍 Dreamweaver CC 的基本操作;再逐步深入,讲解在网页中添加图像、多媒体、超链接、表格、表单等内容的方法及技巧;最后讲解使用模板与库布局网页,使用 CSS+Div 综合应用格式化网页效果等,以熟练掌握美化页面和页面布局的方法。

为了便于读者更好地学习,紧密结合"课程思政"要求和学生能力培养,本书在编写过程中以"课程思政"为依托,并结合全民健身、体育非物质文化遗产等主题,每章章末都附有课后练习及电子资源,围绕同一网站主题,以拓展读者的实际应用能力,真正达到学以致用、举一反三的目的。

本书可作为高等院校网页设计课程的教材,还可供相关行业及专业工作人员学习和参考。

图书在版编目(CIP)数据

网页设计与制作 / 张芳婷,谢明慧编著. — 南京：东南大学出版社,2022.9

ISBN 978 - 7 - 5766 - 0242 - 5

Ⅰ.①网… Ⅱ.①张…②谢… Ⅲ.①网页制作工具 Ⅳ.①TP393.092.2

中国版本图书馆 CIP 数据核字(2022)第 170040 号

责任编辑:张丽萍　　责任校对:子雪莲　　封面设计:毕　真　　责任印制:周荣虎

网页设计与制作　Wangye Sheji Yu Zhizuo

编　　著	张芳婷　谢明慧
出版发行	东南大学出版社
社　　址	南京市四牌楼 2 号(邮编:210096　电话:025 - 83793330)
网　　址	http://www.seupress.com
电子邮箱	press@seupress.com
经　　销	全国各地新华书店
印　　刷	南京玉河印刷厂
开　　本	787 mm×1 092 mm　1/16
印　　张	18.5
字　　数	565 千字
版　　次	2022 年 9 月第 1 版
印　　次	2022 年 9 月第 1 次印刷
书　　号	ISBN 978 - 7 - 5766 - 0242 - 5
定　　价	45.00 元

本社图书若有印装质量问题,请直接与营销部联系,电话:025 - 83791830。

前　言

　　如今，随着互联网的飞速发展，网络已经成为人们生活中不可或缺的一部分。Dreamweaver CC 是集网页制作和网站管理于一身的网页编辑器，可以满足设计者制作出高品质网页的需要，轻而易举地制作出跨越平台限制的充满动感的网页。为帮助高等院校各专业学生快速掌握与应用 Dreamweaver CC 软件，以便在工作中学以致用，编写了本书。

一、本书特点与内容安排

　　本书共分 11 章内容，为快速地入门 Dreamweaver CC 提供了一个崭新的学习和实践平台，无论从基础知识安排还是实践应用能力的训练，都充分地考虑了学生的需求，并且结合实例操作，系统地介绍了 Dreamweaver CC 的相关功能和操作技巧，快速达到理论知识与应用能力的同步提高。

　　以"课程思政"为依托，本书在编写过程中深度挖掘和提炼思政元素，并结合全民健身、体育非物质文化遗产等主题，从而实现学生思维方式、价值理念与能力培养的全面提升，进一步有效提高大学生的思想政治素养。同时根据初学者的学习习惯，采用由浅入深、由易到难的方式讲解，结构清晰，内容丰富，主要包括以下 4 个部分。

　　1. 网页设计与制作基础

　　该部分是本书的第 1—2 章，其具体内容包括网页制作基础知识、网页设计基础知识、Dreamweaver CC 入门等。

　　2. 网页的全局设置与管理

　　该部分是本书的第 3—4 章，其具体内容包括规划站点、Dreamweaver CC 的基本操作等，为后面的学习打下基础。

　　3. 网页的内容设计与制作

　　该部分是本书的第 5—8 章，其具体内容包括使用图像丰富网页内容、插入多媒体元素、应用超链接、使用表格与表单方面的操作方法和技巧等,可以掌握在网页中添加各种内容的方法。

4. 网页的优化设置

该部分是本书的第 9—11 章,其具体内容包括使用模板与库布局网页方面的知识技巧、了解 CSS 样式表、使用 CSS 修饰美化网页、利用 Div 层布局网页,以及 CSS＋Div 综合应用格式化网页效果等。通过对这部分内容的学习,可以熟练掌握美化页面和设置页面布局的方法。

为帮助读者巩固所学知识,每章最后都附有课后练习,围绕同一网站主题,以拓展读者的实际应用能力,真正达到学以致用、举一反三的目的。

二、本书读者对象与作者

本书浅显易懂,指导性较强,可作为高等院校网页设计课程的教材,或作为相关领域人员的网页设计入门学习用书或入门培训教材。此外,本书也特别适合网页设计与制作的初级用户及广大网页设计人员。书中引用图片来源于各类网站,谨向它们的作者及编者表示感谢。

本书由张芳婷、谢明慧编著,参与本书编写的人员有金钰、王欣晨、刘羽,由于网页技术发展迅速,加之作者水平有限,书中不足之处在所难免,敬请读者批评指正!

编者
2021 年 11 月

文中素材二维码

contents

目 录

第1章　网页设计与制作基础

学习导航

　　制作网页先要学习一些有关网页的知识,本章主要讲解网页的基本概念及要素、网页制作常用软件、网站建设基本流程、网页版式设计、常用网页布局方式、网页文字设计、网页色彩设计、网页图像设计、网站的视觉识别系统等内容,通过本章的学习可以对互联网的基本概念和制作网站的基本知识有所了解,以便能掌握网页设计的技巧和方法。

知识要点	学习难度
掌握网页的基本概念	★★★
了解网页的要素	★★
了解网页制作工具	★★
了解网站建设基本流程	★★
掌握网页设计的基本操作	★★★

1.1　网页基本概念及要素

1.1.1　基本概念

1. 网页

　　网页(Web Page)是网站上的一个页面,一个纯文本文件,是向用户传递信息的载体,存放在与因特网相连的某个服务器上。网页经由地址(URL)来识别与存取,用户在浏览器地址栏输入网址后,经过一段复杂而又快速的程序,网页将被传送到用户的计算机,通过浏览器程序解释页面内容,最终展示在用户眼前。网页通过各式各样的标记对页面上的文字、图片、声音、视频等元素进行描述,并通过浏览器进行解析,从而向用户呈现,如图1-1所示。

2. 静态网页

　　在网站设计中,纯粹使用html(以标准通用标记语言下的一个应用)格式的网页通常被称为"静态网页"。静态网页是标准的 HTML 文件,它的文件扩展名是:. htm、. html、. shtml、. xml 等,可以包含文本、图像、声音、Flash 动画、客户端脚本和 ActiveX 控件及 Java 小程序等。静态网页是网站建设的基础,早期的网站一般都是用静态网页制作的,是相对于动态网页而言的,是指没有后台数据库、不含程序和不可交互的网页,其页面的内容和显示

图 1-1 百度百科首页

效果就基本上不会发生变化,并且更新起来相对比较麻烦,适用于一般更新较少的展示型网站。容易误解的是静态页面都是. htm 这类页面,实际上静态也不是完全静态,它也可以出现各种动态的效果,如 GIF 格式的动画、Flash、滚动字幕等。静态网页界面如图 1-2 所示。

图 1-2 共产党员网

3. 动态网页

动态网页,是指通过后台数据库与 Web 服务器的信息交互,由后台数据库提供实时数据更新和数据查询服务,常见的有以.aspx、.asp、.jsp、.php、.perl、.cgi 等为后缀名的文件,并且在动态网页网址中有一个标志性的符号"?"。动态网页显示的内容是可以随着时间、环境或者数据库操作的结果而发生改变的,能够针对不同用户的不同需求,将不同的信息反馈给用户,从而实现与用户之间的交互。动态网页界面如图 1-3 所示。

图 1-3　京东首页

4. 网站

网站(Web Site)是许多网页文件集合而成的,这些网页通过超链接连接在一起,至于要多少网页集合在一起才能称作网站并没有明确的规定,即使只有一个网页也能被称之为网站。一般情况下,每个网站都有一个主页或首页,是一个网站打开后看到的第一个页面,具有目录性质,往往会被编辑得易于了解,并引导互联网用户浏览网站其他部分的内容。大多数作为首页的文件名是 index、default、main 或 portal 加上扩展名,如图 1-4 所示。

1.1.2　网页的基本要素

在制作网页之前,首先要了解网页的基本要素,一般网页的基本要素包括 Logo、导航栏、文本、图像、超链接、表单、Banner 等。

1. Logo

Logo 是徽标或者商标的英文缩写,起到对徽标拥有公司的识别和推广作用,通过形象的 Logo 可以让用户记住公司的主体和品牌文化,是各个网站用来与其他网站链接的图形标志,如图 1-5 所示。

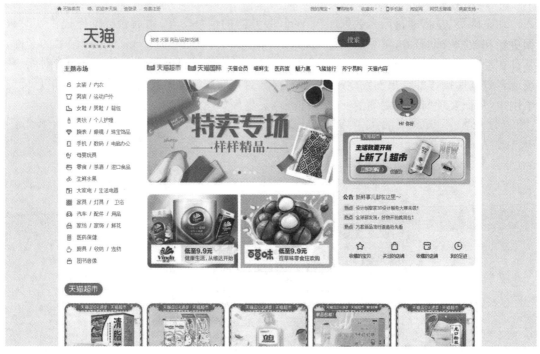

图 1‑4　天猫首页

图 1‑5　中国移动和中国电信 logo

2. 导航栏

导航栏在网页制作中具有举足轻重的地位,一般来说,导航栏在网页中的位置比较固定,与网页的风格一致,通常会出现在网页的左侧、右侧、顶部或者底部,可以使用文本、按钮、图像、Flash 或者编写脚本语言来制作。

在网页中设置导航栏,是为了让访问者更清晰地找到所需要的资源区域,进而快捷地寻找资源,如图 1‑6 所示。

图 1‑6　央视网导航栏

3. 文本

文本是网页上最重要的信息载体与交流工具。通过文本可以在网页上展示相关的信息,文本虽然不如图像、视频那样易于吸引访问者,但是文本可以准确地表达信息的内容和含义,如图 1‑7 所示。

为了克服文字呆板的缺点,在网页制作中,用户可以对文字的字体、字号、颜色等进行一系列设置,赋予文字这些特性以后,可以使文字的表达更加清晰,本文的内容更加突出。

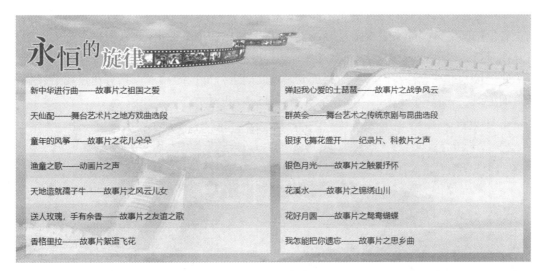

图 1-7 文本

4. 图像

网页中的图像具有提供信息、展示形象、美化网页、表达个人情趣和风格的作用。在网页中放置一些图像不但可以增强视觉效果、提供更加丰富的内容,而且可以将文字分为更易操作的小块,更重要的是能够体现出网站的特色,如图 1-8 所示。另外,使用图像处理工具编辑图像,还可以制作网页 Logo、Banner 以及背景图片等网页元素。

常见的图像文件格式多达十几种,如 G1F、JPEG、BMP、EPS、PCX、PNG、FAS、TGA、TIF 和 WMF,其中最为常用的图像格式有 GIF、JPEG、BMP 和 PNG。

图 1-8 图像

5. 超链接

所谓的超链接是指从一个网页指向一个目标的连接关系,这个目标可以是另一个网页,也可以是相同网页上的不同位置,还可以是一张图片,一个电子邮件地址,一个文件,甚至是一个应用程序。而在一个网页中用来超链接的对象,可以是一段文本或者是一个图片。当浏览者单击已经链接的文字或图片后,链接目标将显示在浏览器上,并且根据目标的类型来打开或运行。

超链接是一种允许我们同其他网页或站点之间进行链接的元素。只有通过超链接将各个页面组织在一起,才能真正构成一个网站,如图1-9所示。

图1-9 支付宝首页

6. 表单

表单是一个网站和访问者开展互动的窗口,主要负责数据采集功能,如收集用户填写的注册资料、搜集用户的反馈信息、获取用户登录的用户名和密码等,如图1-10所示。表单本身是无法工作的,这需要编个程序来处理输入到表单中的数据。

图1-10 知乎登录页

7. Banner

Banner 可以作为网站页面的横幅广告或者宣传网页内容等,通常以 JavaScript 技术或 Flash 技术制作出一些动画效果嵌入在网页中,吸引用户观看,如图 1-11 所示。

图 1-11　腾讯网页

1.2　网页制作常用软件

1.2.1　网页编辑排版软件 Dreamweaver

Dreamweaver 是 Adobe 推出的一套拥有可视化编辑界面,用于制作并编辑网站和移动应用程序的网页设计软件。由于它支持代码、拆分、设计、实时视图等多种方式来创作、编写和修改网页(通常是标准通用标记语言下的一个应用 HTML),对于初级人员,可以无须编写任何代码就能快速创建 Web 页面。其成熟的代码编辑工具更适用于 Web 开发高级人员的创作。

Dreamweaver CC 提供了众多功能强大的可视化设计工具、应用开发环境和代码编辑支持,使开发人员和设计师能够快捷地创建代码规范的应用程序。Dreamweaver CC 集成程度非常高,开发环境精简而高效,开发人员能够运用 Dreamweaver 与服务器技术构建功能强大的网络应用程序,并将其衔接到用户的数据、网络服务体系中。Dreamweaver CC 是 Dreamweaver 的最新版本,初始界面如图 1-12 所示。Dreamweaver CC 引入了多种新增功能和增强功能,包括 Git 的支持、全新代码编辑器、更直观的用户界面(可选择深色主题)以及针对【DOM】面板、响应性 Web 设计、Extract、实时视图编辑提供的多种增强功能(包括经过改进的首次使用体验)。

1.2.2　网页图片处理软件 Photoshop

Adobe Photoshop 是由 Adobe Systems 开发和发行的图像处理软件。Photoshop 主要处理以像素构成的数字图像,其使用众多的编修与绘图工具,可以有效地进行图片编辑工

作。Photoshop 有诸多功能,在图像、图形、文字、视频、出版等各方面都有涉及,其初始界面
如图 1-13 所示。

图 1-12　Dreamweaver CC 启动界面　　　图 1-13　Photoshop CC 启动界面

1.3　网站建设基本流程

在开始建设网站之前就应该有一个整体的战略规则和目标,规划好网页的大致外观后,
就可以进行设计与制作。整个网站测试完成后,就可以发布到网上了。大部分站点需要定
期进行维护,以实现内容的更新和功能的完善。

1.3.1　前期准备工作

前期准备工作主要是对于网站进行整体的规划准备和需求分析,并确定主题、确定目标
客户以及规划站点结构。

1. 确定主题
确定通过 Web 站点来实现什么目标,从而明确目标主题。

2. 确定目标客户
依据网站的定位,明确网站的目标客户,针对哪个行业还是哪些人群。

3. 规划网站结构
网站规划包含网站的结构、栏目的设置、网站的风格、网站导航、颜色搭配、版面布局、文
字图片的运用等。

1.3.2　设计与制作网页

规划好设计和布局后,可以进行页面设计,也可以通过 Photoshop 来制作合成页面效果
图。网页设计这一部分将在后面做详细介绍。

1.3.3　发布站点

发布站点是将制作好并通过测试的站点发布到指定的服务器空间,之后可以通过指定

的 IP 或域名访问该站点。

1.3.4　后期维护

后期维护是站点发布后，当有内容或结构上的变动时，对站点页面进行的再次编辑，也包括对站点安全、性能等的维护。

1.4　网站的视觉识别系统

网站的整体策划，无不与 CIS(Corporate Identity System，企业形象识别系统)的定位有着密切的关系。CIS 是指通过视觉来统一企业的形象，也即将企业经营理念与精神文化，运用整体视觉传达系统，有组织、有计划和正确、准确、快捷地传达出来，并贯穿在企业的经营行为之中。

CIS 一般由 MI(Mind Identity，理念识别)、BI(Behavior Identity，行为识别)和 VI(Visual Identity，视觉识别)三个部分组成。网站设计的依据，主要是企业的形象识别系统。同时，网站形象也应作为整体 CIS 的一部分。现在很多企业的 CIS 中，没有诸如网站标志、网站标准字体、网站标准色之类的内容，尤其是企业 VI 并不适合应用到网站的视觉形象中，这使得网站的艺术设计受到很大限制。因此，企业在制定 CIS 时，必须将网站形象一并考虑。网站形象必须能够代表企业形象，而且能够将网站整体格调完整、深刻地烙在浏览者的脑海里。

如今，网站形象设计已经成为企业形象的传播策略之一。因此，网站形象设计必须体现企业形象、企业精神和经营策略，树立品牌形象。网页设计应当适合企业的行业特点和主要浏览者的背景和构成，利用视觉形象强大的传播力量，树立网站品牌，增强网站的竞争力。在企业网站中，可口可乐、索尼、福特等公司都是成功引入 CIS 的代表。

1.4.1　风格定位标准

网页信息以网络为载体，以最快捷、方便的方式传达给浏览者。设计者既要考虑如何使浏览者可以更多、更有效率地接收网页上的信息，也需要考虑如何恰如其分地"包装"，从而使他们对网站留下很好的印象，促进网站的运作。一件网页设计作品通常由多人合作完成，而且完工之后还会不断添加内容和进行修改。因此，有必要制定一个设计风格定位标准。这样，即使以后再添加内容，也不会导致页面的设计风格向不同的方向发展。要根据主题和内容制定设计风格的标准，这些标准具体包括标准色、标准字体、基本型等。

在实际操作中，一般使用"模板"，即编写一个精心设计的页面，内容暂且空白，存为"模板"(第 9 章详细介绍模板的制作方法)，作为栏目内所有页面制作的基础。完成后的网页风格定位标准应该是：大体一致的版式、一致的导航条、同样风格的图形和相似的色彩组合。

1.4.2　网站标志设计

网站标志是网页中最重要的视觉设计要素，它是综合所有视觉设计要素的核心，是网页创意的集中体现,在浏览者心目中应成为网站品牌的象征。

网站的标志,就如同商标一样,Logo 是站点特色和内涵的集中体现,看见 Logo 就让大家联想起该网站。注意:这里的 Logo 不是指小图标,而是网站的标志。

标志可以是中文、英文字母,也可以是符号、图案,还可以是动物或者人物等。例如新浪用"sina+眼睛"作为标志。标志的设计创意来自设计网站的名称和内容。

- 网站有代表性的人物、动物、花草,可以用它们作为设计的蓝本,加以卡通化和艺术化,例如迪斯尼的米老鼠、搜狐的卡通狐狸、鲨威体坛的篮球鲨鱼。
- 网站有专业性的,可以以本专业有代表的物品作为标志,比如中国银行的铜板标志,奔驰汽车的方向盘标志。
- 最常用和最简单的方式是用自己网站的英文名称作为标志。采用不同的字体、字母的变形、字母的组合可以很容易地制作好自己的标志。

1.4.3　网站的标准色彩

网站给人的第一印象来自视觉的冲击,确定网站的标准色彩是相当重要的一步。不同的色彩搭配产生不同的效果,并可能影响到访问者的情绪。"标准色彩"是指能体现网站形象和延伸内涵的色彩。一般来说,一个网站的标准色彩不超过 3 种,太多则让人眼花缭乱。标准色彩要用于网站的标志、标题、主菜单和主色块,给人以整体统一的感觉。至于其他色彩也可以使用,只是作为点缀和衬托,绝不能喧宾夺主。

1.4.4　网站的标准字体

和标准色彩一样,标准字体是指用于标志、标题、主菜单的字体。网页默认的字体是宋体。为了体现站点的"与众不同"和特有风格,可以根据需要选择一些特别字体。例如,为了体现专业可以使用粗仿宋体,体现设计精美可以用广告体,体现亲切随意可以用手写体等。当然设计者可以根据自己网站所表达的内涵,选择更贴切的字体。为了保证字体能在客户端正确地显示出来,默认字体(如汉字的宋体)以外的其他字体最好制作成图片。

1.5　网页版式设计

网页设计要讲究编排和布局,虽然网页设计不同于平面设计,但它们有许多相近之处,应加以利用和借鉴。为了达到最佳的视觉表现效果,应讲究整体布局的合理性,使浏览者有一个流畅的视觉体验。

1.5.1　版面布局流程与方法

在进行版面布局时,首先要确定页面的版面率,再进行整体布局,最后进行局部布局。

1. 版面率

版面率是版面和开本之间的比率。在网页设计中,页面的版面率是指页面中文字和图片等全部网页元素在页面上所占的面积比率。版面率的大小反映了页面上空白区域的面积大小。版面率越大,空白区域就越小,整个页面上的信息就会越多,页面会变得紧凑局促;相反,版面率越小,空白区域就越大,整个页面上的信息就会越少,页面会变得简洁大方。

在以文字和图像为主要元素的内容网页中,在确定版面率时,还要考虑文字和图像的面积比率。图像所占比率高,页面的视觉效果明显,页面的生动性和阅读兴趣性会提高,与此同时,页面的单调性也会表现出来,页面与浏览者的沟通力会降低。对于一般的内容网页,页面中图像所占面积 30%～70% 比较合适。

确定版面率,通常情况下确定好空白面积和图像面积所占比率即可。

2. 网格设计

网格设计是平面设计理论中关于版式设计的一种经验总结,被广泛应用于杂志、画册、UI(User Interface,用户界面)设计等平面设计领域。网格设计的特点是运用数字的比例关系,通过严格的计算,把版心划分为若干统一尺寸的网格。

在网页版面设计中,把页面看作由若干大小不等的小矩形拼接而成,这些小矩形就是构成页面的网格,每个网格都会承载网页的某个元素或内容。网页版面设计就是对这些网格在页面上进行编排。实际上,把多个网格按照行和列的方式进行组合,就构成了页面的布局。不同的组合方式形成了不同的布局方案。

用网格设计进行页面布局设计的原则可以概括为:从上到下,从左到右,从粗到细,重要的在左上角、次要的在右下角。这样的设计过程与中国人的阅读习惯保持一致。"从上到下,从左到右"也就是说要先行后列。"从粗到细"是指先整体后局部,也就是先进行整体布局形成大框架,再进行局部布局。局部布局是按照内容对局部网格再进行细分,再细分时仍然按照"从上到下,从左到右,从粗到细"原则来进行操作。

3. 布局草图

在进行实际网页设计之前,通常要先绘制布局草图来确定网页的整体结构,也就是要对页面进行整体布局。绘制布局草图有两种方法:一种是手绘布局,另一种是利用计算机绘图软件来绘制布局。不管是用手绘还是用软件来绘制草图,通常都是运用上述网格设计来实现的。

1.5.2 常见的网页版式布局

常见的网页版式大致有"国"字型、拐角型、封面型和标题正文型等布局。

1. "国"字型布局

"国"字型布局因结构与汉字"国"相似而得名,是企业网站较为常用的布局类型。页面顶端通常放置网站的 Logo、导航和 Banner,左右两侧放置两列小模块,页面中间摆放网站的主要内容,底端一般是版权信息和联系方式等,适合内容较多且布局严谨的网页,如图 1-14 所示。

图 1-14　南京体育学院官网

2. 拐角型布局

拐角型布局与"国"字型布局相近,只是形式上略有区别。页面顶端是标题及广告横幅,左侧是纵向链接,一般表现为纵向导航栏,右侧是正文,底端为网站的辅助信息,适合信息量大、内容较多的网页,如图 1-15 所示。

图 1-15　QQ 邮箱界面

3. 封面型布局

封面型布局一般应用在网站的主页或广告宣传页上，出现在网站的首页时作为网站引导页，如图 1-16 所示。

图 1-16　掌生谷粒首页

1.5.3　常用网页布局方式

1. 关于表格布局

表格布局方式使利用了 HTML 中的表格元素<table>具有的无边框特性，由于表格元素可以在显示时将单元格的边框和间距设置为 0，可以将网页中的各个元素按版式划分放入表格的各单元格中，从而实现复杂的排版组合。

目前仍有较多的网站在使用表格布局，表格布局使用方法简单，制作者只要将内容按照行和列拆分，用表格组装起来即可实现版面布局，如图 1-17 所示为使用表格布局的页面和该页面的 HTML 代码。

2. 关于 Div+CSS 布局

W3C 组织近年来开始推荐使用 Div+CSS 布局网站页面，这种布局方式可以大大地减少网页代码，并且将网页结构与表现互相分离。

Div+CSS 布局又可以称为 CSS 布局，重点在于使用 CSS 样式对网页中元素的位置和外观进行控制。布局的重点不再放在表格元素的设计中，取而代之的是 HTML 中的另一个元素——Div。Div 可以理解为"图层"或是一个"块"，是一种比表格简单的元素，Div 功能仅仅是将一段信息标志出来用于后期的 CSS 样式定义。

Div 在使用时不需要像表格一样通过其内部的单元格来组织版式，通过 CSS 强大的样

图 1 - 17 表格布局

（图片来源：网址 https://www.sohu.com/a/304372717_120056920）

式定义功能可以比表格更简单、更自由地控制页面版式及样式。如图 1 - 18 所示为使用 Div+CSS布局的页面和该页面内的 HTML 代码。

图 1 - 18 "全民健身"登录页

（图片来源：网址 https://new.qq.com/rain/a/20220415A09KN800）

1.6　网页图像设计

在网页设计中,合理地运用图形能够丰富网页的视觉效果,生动形象地表现信息,同时增加网页提供的信息类型。

1.6.1　图像的格式

在网页设计中采用的图像可以分为矢量图和位图两种。矢量图是以矢量的方式记录图形的内容,它可以任意地放大和缩小而不会影响图像的清晰度,缺点是不容易制作色彩丰富变化的图形;位图又称为点阵式图形,它是由像素点组成整幅图片,可以还原高保真的影像,缺点是文件容量大,过分放大和缩小会影响其清晰度。位图因为是由像素点组成,所以就产生了分辨率的概念。分辨率是位图每平方单位的像素点个数,分辨率越高图形就越清晰,进而使文件的容量也就越大。

图形除了这两种分类还有存储格式的区别。一般的图形格式有 BMP(Bimap)、JPEG(Joint Photograhic Experts Group)、GIF(Graphics Interchange Format)、PNG(Portable Network Graphic Format)、TIF(Tag Image File)、PCX(PC Paintbrush Exchange)、TGA(Tagged Graphics)、WMF(Metafile)、EPS(Encapsulated PostScript)等。这些不同格式的图片应用在不同的平台和场景之中,发挥不同的作用。其中网页界面中多采用 JPEG、GIF、PNG 图片格式,此处将在第 5 章详细介绍。

1.6.2　网页图像的形式

图像在网页排版中的运用主要有几种基本形式,即:方形图、退底图、出血图以及这三种形式的结合使用。方形图、退底图、出血图原本是印刷排版中的术语,但在网页图形排版中同样适用。

1. 方形图

方形图,是指以直线边框来规范和限制图形,如图 1-19 所示。它是一种最常见、最简洁、最单纯的形态。方形图使图像内容更加突出,同时也将主题形象与环境较好融合,可以完整地传达主题思想,富有情节性,利于渲染气氛。配置方形图的页面,能够给人以稳重、可信、严谨、理性、庄重和安静等感觉,但如果处理不当,有时也会显得平淡、呆板。

2. 退底图

将图像中的背景去掉,只留下主题形象,如图 1-20 所示。在印刷术语中也称为"去底""抠版"。退底图自由而突出,更具有个性,因而给人以深刻的印象。配置退底图的页面,轻松、活泼,动态十足,而且图文结合自然,给人以亲和感。但如果处理不当,也容易给人造成凌乱的感觉。

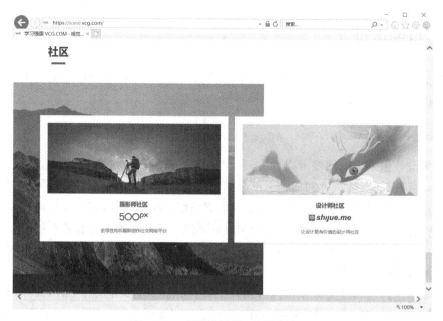

图 1-19　视觉中国学习强国版网页

图 1-20　李宁运动时尚官网

3. 出血图

出血图的一边或几边充满页面,有向外扩张和舒展之势,如图 1-21 所示。多用于传达抒情或运动信息的页面,因为不受边框限制,感觉上更有亲和力,便于情感或动感的发挥。

图 1-21　李宁官网

1.6.3　网页图像的编排

网页图像的编排，就是将色彩、文字与其有效组合，形成主题突出、和谐统一的视觉效果。

1. 四角与中轴四点结构

页面四角、对角线、水平与垂直的中轴线及中轴线四点，组成了基本的页面结构。页面四角，是页面边界相交形成的四个点，把四角连接起来的斜线就是对角线，交叉点为页面中心。中轴四点，指经过页面中心的垂直线和水平线的四个端点。这四个点可以上、下、左、右移动。通过四角与中轴四点结构的不同组合、变化，可以获得多变的页面结构。在图像排版时以这八个点为基础进行组合，可以获得较好的形式美感。网页的版式设计、视觉流程的筹划也会得到相应简化，如图 1-22 所示。

2. 块状组合与散点组合结构

块状组合，即通过水平线分割、垂直线分割及组合线分割等方式，将多幅图像在页面上整齐有序地排列成块状，如图 1-23 所示。这种结构具有强烈的整体感和秩序感。图像间的这种相互自由叠置，或分类叠置而构成的块状组合，具有轻快、活泼的特性，同时也不失整体感。

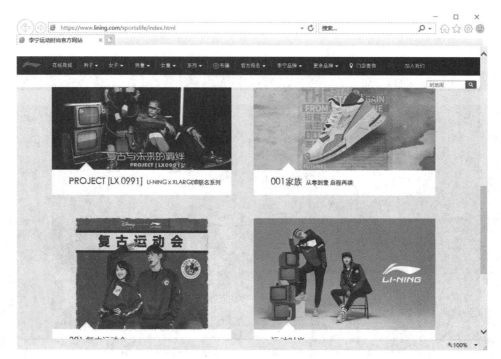

图 1-22 李宁运动时尚官网

图 1-23 学习强国网页

　　散点组合,即图像分散排列在页面的各个部位,具有自由、轻快的感觉,如图 1-24 所示。采用这种结构应注意图像间的大小、主次关系,以及方形图、退底图和出血图之间的配置。另外,在散点组合中还应考虑疏密、均衡、视觉流程等因素。

图 1–24　学习强国网页

1.7　网页色彩设计

色彩决定了访问者对网站的最初与最直观的印象,形成用户心中对网站设计风格的判定,从而影响了网站在用户心中的访问意向。不同的色彩、色调能够引起人们不同的情感反应,因此在网页设计中考虑用户良好的心理体验而采用不同色彩风格是至关重要的。一个网站的用色必须要有自己的独特主体风格,这样才能个性鲜明,给浏览者留下深刻的印象。

1.7.1　色彩模式

在图像和图形处理软件中,通常使用 RGB、CMYK、HSB 及 Lab 几种色彩模式。通过使用多种色彩模式来反映不同的色彩效果,其中许多模式能用对应的命令相互转换。

1. RGB 模式

RGB 色彩又称三原色,R 代表 Red(红色),G 代表 Green(绿色),B 代表 Blue(蓝色)。之所以称它们为三原色,是因为在自然界中肉眼所能看到的任何色彩都可以由这三种色彩混合叠加而成,因此也成为加色模式。

计算机定义颜色时,R、G、B 取值范围均是 0—255,0 表示没有刺激量,255 表示刺激量达最大值。R、G、B 均为 255 时就合成了白色,R、G、B 均为 0 时就形成了黑色,当两色分别叠加时将得到不同的 C、M、Y 颜色。在显示屏上显示颜色定义时,往往采用这种模式。

2. CMYK 模式

当阳光照射到一个物体上时,这个物体将吸收部分光线,并将剩下的光线进行反射,反射的光线就是我们看见的物体颜色,这是一种减色色彩模式,同时也是与 RGB 模式的根本不同之处。我们看物体的颜色时不但用到了这种减色模式,而且在纸上印刷时应用的也是这种减色模式。按照这种减色模式,就衍变出了适合印刷的 CMYK 色彩模式。

CMYK 代表印刷上用的 4 种颜色,C 代表青色(Cyan),M 代表洋红色(Magenta),Y 代表黄色(Yellow),K 代表黑色(Black)。因为在实际应用中,青色、洋红色和黄色很难叠加形成真正的黑色,最多不过是褐色而已,因此才引入了 K 黑色。黑色的作用是强化暗调,加深暗部色彩。

3. HSB 模式

HSB 模式中的 H、S、B 分别表示色相、饱和度、亮度,这是一种从视觉角度定义颜色模式。

基于人类对色彩的感觉,HSB 模式描述颜色具有以下三个特征。

* 色相 H(Hue):在标准色轮上,色相是按位置度量的,在通常的使用中,色相是由颜色名称标识的,比如红色、绿色或橙色。
* 饱和度 S(Saturation):是指颜色的强度或纯度饱和度表示色相中彩色成分所占的比例,用从 0(灰色)—100%(完全饱和)的百分比来度量。在标准色轮上饱和度是从中间逐渐向边缘递增的。
* 亮度 B(Brightness):是颜色的相对明暗程度,通常是从 0(黑)—100%(白)的百分比来度量的。

4. Lab 模式

Lab 模式是由国际照明委员会(CIE)于 1976 年公布的一种色彩模式。Lab 模式由三个通道组成,第一个通道是明度,即 L;另外两个通道是色彩,用 A 和 B 来表示。A 通道包括的颜色是从深绿色(低亮度值)到灰色(中亮度值)到亮粉红色(高亮度值);B 通道则是从亮蓝色(低亮度值)到灰色(中亮度值)再到黄色(高亮度值)。因此,这种色彩混合后将产生明亮的色彩。

1.7.2　网页色彩的搭配

在制作网页的时候,一定要了解色彩的特性,色彩的搭配可以使网页具有深刻的艺术内涵,从而提升网页的文化品质。

1. 相近色的应用

相近色是在网页设计中常用的色彩搭配,它的特色是画面色彩统一融洽。

(1)暖色调相似色

暖色调主要由红色调构成,比如红色、橙色和黄色。暖色调给人以温馨、舒服和活力的感觉,因此在网页设计中可以突出可视化效果。在网页中利用相近色时,需要注意色块的大小和位置。例如,设置 3 种暖色(R:120、G:40、B:15,R:160、G:90、B:40 和 R:180、G:130、B:90),如图 1 - 25 所示。

图 1 - 25　暖色调

不同的亮度会对人们的视觉产生不同的影响,色彩重的会显得面积小,而色彩浅的会显得面积大。将同样面积和形态的 3 种色彩摆放在画面中,过于均匀化的摆放会使画面显得单调、乏味,三者按不同比例进行设计,颜色会更加饱满。

(2) 冷色调相近色

青、蓝、紫都属于冷色系,冷色调可以给人以明快、硬朗的感觉。例如,设定两种色彩(R:50、G:80、B:110 和 R:140、G:170、B:180),一深一浅,一个略微偏蓝,一个略微偏紫,固然色彩的偏差上略有不同,但两种色彩放在一起十分融洽,如图 1 - 26 所示。

图 1 - 26　冷色调

2. 对比色的应用

在日常工作中,通常把橘红色定为暖色极、天蓝色定为冷色极。凡与暖色极相近的色或色组为暖色,如橙色、黄色、红色等;而与冷色极相近的色或色组为冷色,如蓝绿、蓝、蓝紫等。黑色偏暖,白色偏冷,灰、绿、紫为中性色。在网页中利用对比色时,首先要注意的是定下整个画面的基本色调,以暖色调为主还是以冷色调为主。全部网页设计都是在统一中寻求对比变迁的。例如,设定两种对比色(R:255、G:207、B:0 和 R:0、G:96、B:208),如图 1 - 27 所示。

图 1 - 27　对比色

若将同样形态和大小的两个色块均匀摆放在画面中,会使画面显得单调、刻板。但若把暖色的面积加大而把冷色的面积减小,整个画面构图看起来会变得更加融洽。直接把两种色彩连接会有些僵硬,可以使用灰色进行中和,色彩过渡得会更自然,整个画面会更加融洽统一。这样即可定下整个画面构图的版式,全部网页元素的布局必须按照该版式来罗列。

3. 忌讳的配色

在网页设计中忌讳背景与网页中文字的颜色相近,这样会造成对比不强烈,灰暗的背景会使访问者感到阅读费力。

忌讳使用大面积艳丽的纯色,太过艳丽的纯色会使视觉的刺激过于强烈,从而缺乏内涵。

忌讳使用过多色彩差别大的颜色,网页中的主色并不是面积最大的颜色,而最重要的颜色才能反映主题。

1.7.3　网页安全色

色彩在计算机上的呈现,是通过数字运算来模拟光值变化,从而形成不同的颜色。

计算机上常用的色彩表示方法有 HEX 格式方法和 RGB 格式方法。

HEX 格式方法,也叫十六进制颜色码表示方法。在很多软件中,都会遇到设定颜色值的问题,十六进制颜色码就是在软件中设定颜色值的代码。计算机屏幕所显示的色彩因显示器种类的不同而稍有不同,但其原理都是利用光的 RGB 三原色混合形成不同的色彩。计算机可以对光的原色显示其存在的 255 级强度(24 位色彩显示模式下),也就是从最低强度 0(不显示该光色)到最高强度 255(全色显示)。这种情况下,计算机可显示 16 777 216 种颜色,非常接近现实中的情况,通常称之为"真色彩"模式。

在 HTML 中,颜色或者表示成十六进制值(如♯FF0000),或者表示为颜色名称(red)。网页安全色是指以 256 色模式运行时,无论在 Windows 还是在 Macintosh 系统中,在 Safari 和 Microsoft Internet Explorer 中的显示均相同的颜色。传统经验是:有 216 种常见颜色,而且任何结合了 00、33、66、99、CC 或 FF 对 RGB 值分别为 0、51、102、153、204 和 255 的十六进制值都代表网页安全色。

在实际测试中,显示仅有 212 种网页安全色而不是全部 216 种,原因在于 Windows Internet Explorer 不能正确呈现颜色♯0033FF(0,51,255)、♯3300FF(51,0,255)、♯00FF33(0,255,51)和♯33FF00(51,255,0)。

除此之外,显示器的分辨率以及电脑的色彩解析度、色彩模式等都会对色彩设计产生很大的影响。

1.8　网页文字设计

文字作为记录语言和传播信息的基本工具和媒介,网页中的信息也是以文本为主。世界上第一个网页正是由纯文字组成的,因为最早使用了超链接的文字,使它成为人类互联网生活普遍化的发展起点。文字虽然不如图像直观形象,但是却能准确地表达信息的内容和含义。在确定网页的版面布局后,还需要确定文本的样式,如字体、字号和颜色等,也可以将文字图形化。

1.8.1　字体的选择

网页中,中文默认的标准字体是"宋体",英文是"Times New Roman"。如果在网页中没有设置任何字体,在浏览器中将以这两种字体显示。

设计者可以用字体更充分地体现设计中要表达的情感,选择字体的一些原则只能是一种相对适合的标准,不能绝对化。基本的原则是文字信息表达清晰、与主题内容不冲突、视觉效果舒适。

在同一页面中,字体种类少,则界面雅致、有稳定感,如图 1-28 所示;字体种类多,则界面活跃、丰富多彩,如图 1-29 所示。总的来说,同一页面的字体种类不宜过多,否则会显得杂乱无章。不同主题类型的网站会采用不同的字体设计风格,科技类网站往往采用黑体为主的方案,体现科技感;女性网站往往采用娟秀字体,体现女性的妩媚和秀丽。

图 1-28 学习强国网页

图 1-29 视觉中国学习强国版网页

此外还有衬线体和无衬线体两种字体类型,如图 1-30 所示。衬线体字形优美,结构复杂,相对刻板正式;无衬线体给人休闲轻松、干净简洁的感觉而更受欢迎,现在网页设计中多以黑体、无衬线字体为主,只要改变字体的粗细,就可应用在各种不同风格网页中。

图 1-30　衬线体与无衬线体

1.8.2　字号的选择

字号大小可以使用磅(point)或像素(pixel)来确定。一般网页常用的字号大小为 12 磅左右,较大的字体可用于标题或其他需要强调的地方,小一些的字体可以用于页脚和辅助信息。需要注意的是,小字号容易产生整体感和精致感,但可读性较差。

英文字母与汉字相比,有较大差别。英文字母的小字号总能显得很简洁、清晰,绝大部分英文网站的主体内容都选择小字号。9~13 px 的字号在英文网页中十分常见,如图 1-31 所示。

图 1-31　环球时报网页

而中文字号在 10 px 以下就看不清楚,一般要达到 12 px 才能体现出不错的效果。就目前来看,12 px 和 14 px 大小的宋体在阅读性和美观性上结合效果较好。若小于 12 px,就会失去阅读性和美观性;若大于 14 px,美观性稍弱。标题文字一般用 16 px、18 px 或 20 px,如图 1 - 32 所示,主题文字或字体设计内容可以做到较大字号,或使用文字代替图片作为页面的主体形象存在,大字号文字可根据不同需求确定具体大小。

图 1 - 32　学习强国网页

1.8.3　间距的设置

间距设置的内容包括字距设置与行距设置两个方面。从阅读习惯来看,网页界面中正文的字距通常采用"密距",即设定字符间隔为 0 间距,每行的字符数大概 20～35 左右较为适宜,英文约 40～70 之间最易阅读,每行少于此数会造成浏览者视线频繁移行,多于此数则会使人目光做长距离水平移动而感到疲倦,因此要合理排列。

还要考虑文字的行距,中文正文的行距一般在半个字高和一个字高之间(计算方式为从上一行文字的顶端到下一行文字的顶端),行距的变化会对文本的可读性产生影响,书籍、文档中行距的常规比例为 5∶6,即字号为 10 px,则行距为 12 px,而设计作品中可以适度提高或降低行距的比例。行距过小会造成文字的混乱,行距过大则会使文字失去延续性。适当的行距会形成一条明显的水平空白条,以引导浏览者的目光,如图 1 - 33 所示。

图 1‑33　学习强国网页

课后习题

一、选择题

1. 网页文件不包括　　　　　　　　　　　　　　　　　　　　　　　　　（　　）

    A. HTML 文件　　　B. 多媒体文件　　　C. 图像文件　　　D. DOS 文件

2. 目前在 Internet 上应用最为广泛的服务是　　　　　　　　　　　　　（　　）

    A. FTP 服务　　　B. WWW 服务　　　C. Telnet 服务　　　D. Gopher 服务

3. 在万维网中,信息的载体是　　　　　　　　　　　　　　　　　　　　（　　）

    A. 超文本　　　B. 图片　　　C. 网页　　　D. 表格

4. 属于网页制作平台的是　　　　　　　　　　　　　　　　　　　　　　（　　）

    A. Photoshop　　　B. Flash　　　C. Dreamweaver　　　D. Fireworks

5. 在网站整体规划时,第一步要做的是　　　　　　　　　　　　　　　　（　　）

    A. 确定网站主题　　　　　　　　　　B. 选择合适的制作工具

    C. 搜集材料　　　　　　　　　　　　D. 制作网页

6. 下述哪个不是网页中常见的图片文件格式?　　　　　　　　　　　　　（　　）

    A. BMP　　　B. JPEG　　　C. PNG　　　D. GIF

7. 具有图像文件小、下载速度快、下载时隔行显示、支持透明色、多个图像能组成动画

的图像格式的是 （　　）

 A. JPG　　　　　B. BMP　　　　　C. GIF　　　　　D. PSD

8. 在彩色的属性中,反映颜色深浅度的是 （　　）

 A. 色相　　　　　B. 饱和度　　　　　C. 明度　　　　　D. 色差

9. 在色彩的 RGB 系统中,32 位十六进制数 000000 表示的颜色是 （　　）

 A. 黑色　　　　　B. 红色　　　　　C. 黄色　　　　　D. 白色

10. (多选)网页构成元素按照元素划分为 （　　）

 A. 文本　　　　　B. 图像　　　　　C. 超链接　　　　　D. 音频和视频

二、设计题

围绕"体育非物质文化"这一主题进行网站设计与开发,请根据章节所学内容,把所学设计知识与技能运用到该网站设计与建立中,完成一份专题网站设计平台方案。

要求:

(1) 主题突出、构思独特,具有较强的表现力和感染力。

(2) 网页整体设计思路清晰,排版布局合理,版块结构清晰,色彩搭配美观。

(3) 包含对图像、色彩、文字、风格的基本表现。

(4) 网站中元素要包括文字、图像、声音、Flash 动画、视频。

第 1 章习题详解

第 2 章 Dreamweaver CC 入门

学习导航

在使用 Dreamweaver CC 之前有必要对其充分认识和了解,以达到应用自如的目的,为日后提高工作效率打下基础。制作网页需要掌握的最基本的语言基础就是 HTML。本章主要认识 Dreamweaver CC 的工作界面,介绍界面各部分使用方式及 HTML、HTML5 的相关知识。

知识要点	学习难度
认识 Dreamweaver CC 的工作界面	★★★
了解 HTML 的语法、基本结构和常用标签	★★
了解 HTML5 的基础知识、新元素	★★

2.1 Dreamweaver CC 工作界面

认识 Dreamweaver CC 的工作界面是掌握该软件并提高制作效率的关键一步。Dreamweaver CC 的工作界面包括【菜单栏】、【文档工具栏】、【文档窗口】、【状态栏】、【面板】、【工具栏】等,在高度集成的工作界面中用户可以便捷地对网页进行制作和修改。

2.1.1 开始屏幕

首次启动应用程序时,屏幕上将显示一个快速入门菜单,该菜单会询问用户一些问题,帮助用户根据需求对 Dreamweaver CC 工作区进行个性化设置,如图 2-1 所示。基于用户对这些问题的回答,Dreamweaver CC 会在开发人员工作区(包含最少代码的布局)或标准工作区(具有代码可视化工具和应用程序内预览的拆分布局)中打开。

启动 Dreamweaver CC 后,首先看到的画面是开始屏幕,如图 2-2 所示,用户可以在开始屏幕中查看最近处理的文件;可以通过使用此屏幕右上角的搜索图标来使用搜索功能,当键入搜索查询内容时,该应用程序将显示与搜索查询内容相匹配的最近打开的文件、Creative Cloud 资源、帮助链接和库存图像;通过单击"快速开始"中显示的任意文件类型,可以快速创建空白文件;通过单击"起始模板"可以使用 Dreamweaver CC 中打包的起始页模板。

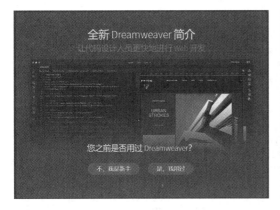
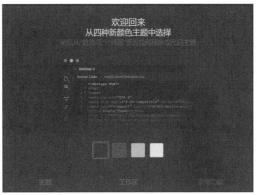

图 2-1　Dreamweaver CC 快速入门菜单

图 2-2　Dreamweaver CC 开始屏幕

小贴士：

如果不需要开始屏幕，可在菜单栏中选择"编辑"＞"首选项"命令（或按快捷键"Ctrl＋U"），打开"首选项"对话框，在"分类"列表中选择"常规"选项卡，取消勾选"显示开始屏幕"，单击"应用"按钮。

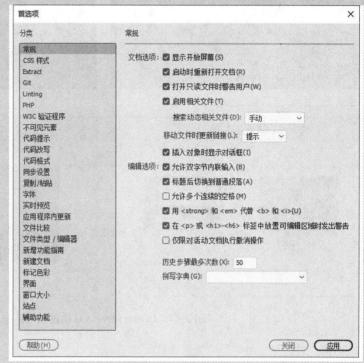

2.1.2　工作区

Dreamweaver CC 提供了一个将全部元素置于一个窗口中的集成工作界面，在工作区中，全部窗口和面板都被集成到一个更大的应用程序窗口中，如图 2-3 所示。用户可以查看文档和对象属性，还可以将许多常用操作放置于工具栏中，可以快速更改文档。

2.1.3　菜单栏

菜单栏位于界面的顶部，是使用 Dreamweaver CC 的最基本渠道，绝大多数功能都可以通过访问菜单来实现，主要包括【文件】、【编辑】、【查看】、【插入】、【工具】、【查找】、【站点】、【窗口】、【帮助】，单击任意一个菜单将弹出下拉菜单，从中选择不同的菜单命令可以进行一些相关的命令执行或属性的设置，从而轻松实现对对象的任意操作和控制，如图 2-4所示。

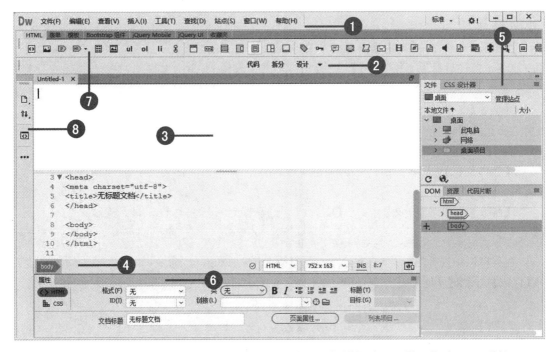

1. 菜单栏　2. 文档工具栏　3. 文档窗口　4. 状态栏　5. 面板　6.【属性】面板　7.【插入】面板　8.工具栏

图 2 - 3　Dreamweaver CC 工作界面

图 2 - 4　菜单栏

- 【文件】菜单：包括新建文件、打开文件、保存文件、导入/导出、实时预览等用于文件操作的基础内容。
- 【编辑】菜单：包括复制粘贴、代码及首选项等用于基本编辑操作的标准菜单命令。
- 【查看】菜单：可以看到文档的各种视图，如【设计】视图、【代码】视图和【实时】视图，可进行视图的切换、窗口设置等。
- 【插入】菜单：提供【插入】面板的替代项，用于将页面元素插入到网页中，包含插入 Div、图像、表格、表单、HTML 等命令。
- 【工具】菜单：提供对各种命令的访问，可以编辑标签属性，为库和模板执行不同的操作。
- 【查找】菜单：包括在当前文档中查找、在文件中查找和替换、在当前文档中替换等查找和替换命令。
- 【站点】菜单：包括用于新建站点、管理站点以及上传和下载文件等用于创建、打开和编辑站点及管理当前站点中的文件命令。
- 【窗口】菜单：提供对 Dreamweaver CC 中的所有面板、检查器和窗口的访问。
- 【帮助】菜单：提供对 Dreamweaver CC 文档的访问，包括关于使用 Dreamweaver CC 以及创建 Dreamweaver CC 扩展功能的帮助系统，还包括各种语言的参考材料。

小贴士：

【实时】视图：可以真实地呈现文档在浏览器中的实际样子，并且可以就像在浏览器中一样与文档进行交互，还可以在【实时】视图中直接编辑 HTML 元素并在同一视图中即时预览更改。

【设计】视图：是一个用于可视化页面布局、可视化编辑和快速应用程序开发的设计环境。在此视图中，Dreamweaver CC 显示文档的完全可编辑的可视化表示形式，类似于在浏览器中查看页面时看到的内容。

【代码】视图：是一个用于编写和编辑 HTML、JavaScript 和其他任何类型代码的手动编码环境。

【拆分】视图：在【代码】视图和【实时/设计】视图之间拆分文档窗口。流体网格文档无【设计】视图选项可用。

在菜单栏中选择"查看">"拆分">"垂直拆分"/"水平拆分"命令，如图 2‐5 所示，可以实现【代码】视图和【实时】视图左右呈现（如图 2‐6 所示）和上下呈现（如图 2‐7 所示）的效果。

图 2‐5 "垂直拆分"/"水平拆分"命令

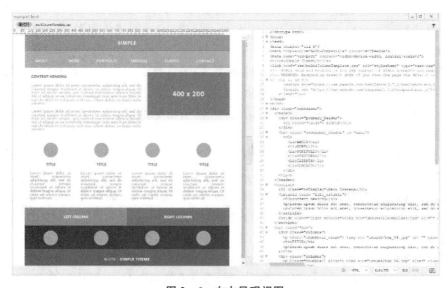

图 2‐6 左右呈现视图

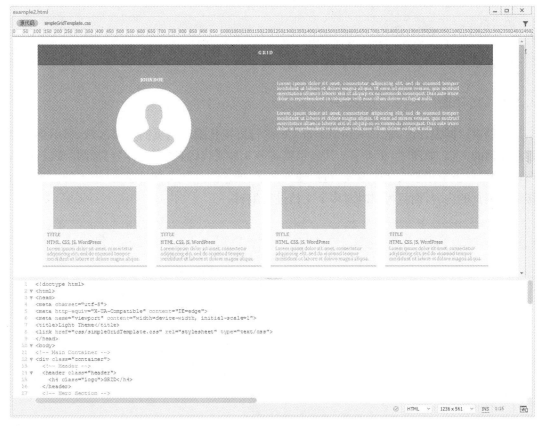

图 2-7　上下呈现视图

2.1.4　文档工具栏

文档工具栏包含用于选择文档窗口不同视图的按钮(如【设计】视图、【实时】视图和【代码】视图),可以在文档的不同视图间快速切换,如图 2-8 所示。

图 2-8　文档工具栏

- 【代码】按钮:仅在文档窗口中显示【代码】视图。
- 【拆分】按钮:在文档窗口的一部分中显示【代码】视图,而在另一部分中显示【设计/实时】视图。在【设计】视图中选择某个元素,【代码】视图中当前选择的元素所对应的代码将突出显示。
- 【实时视图】按钮:显示当前编辑页面的实时视图效果。
- 【设计】按钮:仅在文档窗口中显示【设计】视图。

小贴士：

　　如果处理的是 XML,JavaScript,Java,CSS 或其他基于代码的文件类型,则不能在【设计】视图中查看文件,并且【设计】和【拆分】按钮将会变暗。

2.1.5　文档窗口

　　文档窗口即设计区,是 Dreamweaver CC 进行可视化编辑网页的主要区域,显示当前创建和编辑的文档,如图 2-9 所示。其显示模式分 3 种:【代码】视图、【拆分】视图与【设计】视图,文档窗口主要用于文档的编辑,包括输入文字、插入图片和文档排版等,输入的内容将直接成为网页的内容,而且可同时对多个文档进行编辑。

图 2-9　文档窗口

2.1.6　状态栏

　　状态栏提供与正创建的文档有关的其他信息,如图 2-10 所示。

1. 标签选择器　2. 输出面板　3. 代码颜色　4. 窗口大小　5. 插入和覆盖切换　6. 行和列编号　7. 在浏览器中/设备上预览

图 2-10　状态栏

- 【标签选择器】：显示环绕当前选定内容的标签的层次结构。单击该层次结构中的任何标签以选择该标签及其全部内容。单击＜body＞可以选择文档的整个正文。若要在标签选择器中设置某个标签的 class 或 ID 属性，可右键单击该标签，然后从弹出菜单中选择一个类或 ID，如图 2-11 所示。
- 【输出面板】：单击此图标可显示在文档中显示编码错误的"输出"面板。
- 【代码颜色】：（仅在【代码】视图中可用）从此弹出菜单中选择任意编码语言，以根据编程语言更改要显示的代码的颜色。
- 【窗口大小】：显示文档窗口的当前尺寸（以像素为单位）。在该选项上单击鼠标，在弹出菜单中提供了一些常用的页面尺寸大小，其中，选择"编辑大小"命令，打开"首选项"对话框，在"分类"列表中的"窗口大小"选项卡中，可编辑或删除预定义窗口大小，添加新的窗口大小，如图 2-12 所示。更改【设计】视图或【实时】视图中页面的视图大小时，仅更改视图大小的尺寸，而不更改文档大小。
- 【插入和覆盖切换】：（仅在【代码】视图中可用）可在【代码】视图中工作时在"插入"模式和"覆盖"模式之间切换。
- 【行和列编号】：（仅在【代码】视图中可用）显示光标所在位置的行号和列号。
- 【在浏览器中/设备上预览】：可以在浏览器中或设备上预览或调试文档。在该选项上单击鼠标，弹出菜单将显示系统中所安装的浏览器，可以选择需要在某个浏览器中预览当前所编辑的页面。

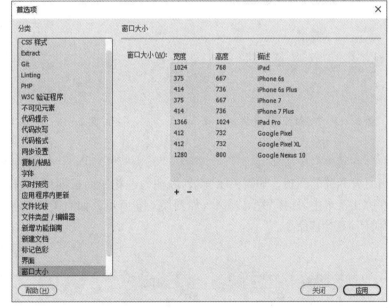

图 2-11　弹出菜单　　　　　　　　图 2-12　"窗口大小"首选项

2.1.7　面板组

面板组是停靠在窗口右边的多个相关面板的集合，包含【文件】面板、【CSS 设计器】面板、【插入】面板等。

1. 隐藏/显示面板

用户可以在【窗口】菜单中选择需要显示或隐藏的浮动面板。当需要更大的编辑窗口时,可将所有面板隐藏(在菜单栏中选择"窗口">"隐藏面板"命令,如图 2-13 所示,或按快捷键 F4)。

2. 折叠/展开面板

为使设计界面更加简洁,同时也为获得更大的操作空间,这些面板都是可折叠的,通过右上角的 ▶▶/◀◀ 按钮(或双击其选项卡)可实现浮动面板组的折叠和展开,如图 2-14 所示。或右击面板组顶部的空白区域,在弹出菜单中,选择"折叠为图标"/"展开面板"命令,如图 2-15 所示。

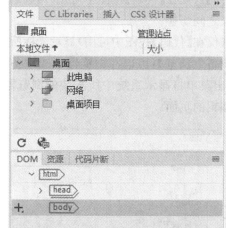

图 2-13 "隐藏面板"命令　　　　　　　图 2-14 折叠/展开面板

3. 打开/关闭面板

在菜单栏中选择"窗口">"资源"/"行为"/"CC 库"/"代码检查器"…"代码片段"命令,可打开相关的面板。如需关闭面板,取消勾选相应面板即可,或右击需关闭的面板的标签,在弹出菜单中,选择"关闭"命令,如图 2-16 所示。如需关闭该面板所在的面板组,则选择"关闭标签组"命令。

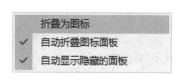

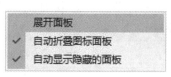

图 2-15 "折叠为图标"/"展开面板"命令　　　　图 2-16 关闭面板

4. 移动面板

用户可以根据需要重新排列面板,拖动要移动的面板选项卡(或移动的面板组的标题栏)到蓝色突出显示的放置区域。如果拖移到的区域不是放置区域,该面板将在工作区中自由浮动。

5. 工作区

若想修改操作界面的风格,切换到自己熟悉的开发环境,可在菜单栏中选择"窗口">"工作区布局"命令(如图 2-17 所示),或选择菜单栏中的"工作区切换器"(如图 2-18 所示),在弹出菜单中选择适合自己的面板布局方式,以更好地适应不同的工作类型。

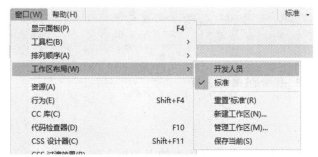
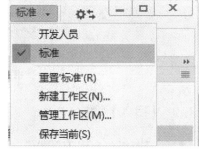

图 2-17　"工作区布局"命令　　　　　　　　图 2-18　工作区切换器

可以根据需要添加或删除面板来自定义工作区。然后可以将这些更改保存到工作区,以便从菜单栏中的"工作区切换器"进行访问。在菜单栏中选择"窗口">"工作区布局">"新建工作区"命令,打开"新建工作区"对话框,键入工作区的名称,点击"确定"按钮,即可保存工作区,并在菜单栏中的"工作区切换器"中可见,如图 2-19 所示。从菜单栏中的"工作区切换器"中选择"管理工作区"以打开"管理工作区"对话框,选择工作区,然后单击"删除"按钮。如图 2-20、图 2-21 所示。

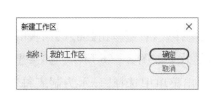

图 2-19　"新建工作区"命令　　图 2-20　"管理工作区"命令　　图 2-21　"管理工作区"对话框

2.1.8 【属性】面板

【属性】面板用于查看和更改所选对象或文本的各种属性,其内容根据选定元素的不同会有所不同。选择文本,【属性】面板如图 2-22 所示,包含两个选项,即 HTML 选项和 CSS 选项,HTML 选项为默认格式,单击不同的选项可以设置不同的属性。选择图像,【属性】面板如图 2-23 所示,包含图像的文件路径、图像的宽度和高度、链接等。

图 2 - 22 【属性】面板

图 2 - 23 图像的【属性】面板

2.1.9 【插入】面板

【插入】面板包含用于将图像、表格和媒体元素等各种类型的对象插入到文档中的按钮，每个对象都是一段 HTML 代码，允许在插入它时设置不同的属性。它包括【HTML】、【表单】、【模板】、【Bootstrap 组件】、【jQuery Mobile】、【jQuery UI】、【收藏夹】7 个选项卡，将不同功能的按钮分门别类地放在不同的选项卡中，当鼠标指针移动到一个按钮上时，会出现一个工具提示（按钮的名称），如图 2 - 24 所示。如果用户处理的是某些类型的文件（如 XML、JavaScript、Java 和 CSS），则【插入】面板和【设计】视图选项将变暗，说明无法将项目插入到这些代码文件中。

图 2 - 24 【插入】面板

【插入】面板可用菜单和选项卡两种方式显示，如需要菜单样式，右键单击【插入】面板的选项卡，选择"显示为菜单"命令，如图 2 - 25 所示。更改后的效果如图 2 - 26 所示。如果想还原成选项卡样式，可单击选项卡右侧的下拉图标，在弹出菜单中选择"显示为制表符"命令，如图 2 - 27 所示。

图 2 - 25 "显示为菜单"命令

图 2 - 26 菜单样式

图 2‑27　"显示为制表符"命令

- 【HTML】：可创建和插入最常用的 HTML 元素，例如 div 标签和对象（如图像和表格）。
- 【表单】：包含用于创建表单和用于插入表单元素（如搜索、时间和密码）的按钮。
- 【模板】：用于将文档保存为模块并将特定区域标记为可编辑、可选、可重复或可编辑的可选区域。
- 【Bootstrap 组件】：包含 Bootstrap 组件以提供导航、容器、下拉菜单以及可在响应式项目中使用的其他功能。
- 【jQuery Mobile】：包含一系列针对移动设备页面开发的按钮，如可折叠区块、滑块、翻转切块开关等。
- 【jQuery UI】：提供了以 jQuery 为基础的开源 JavaScript 网页用户界面代码库。
- 【收藏夹】：默认情况下，此标签中没有对象，用户可以根据自己的使用习惯将常用的网页对象创建按钮添加到该标签中。方法：在【插入】面板中选择任意类别，在显示按钮的区域内单击右键，然后选择"自定义收藏夹…"命令。在"自定义收藏夹对象"对话框中，根据需要进行修改（添加、删除、移动对象或分隔符），然后单击"确定"按钮，如图 2‑28 所示。

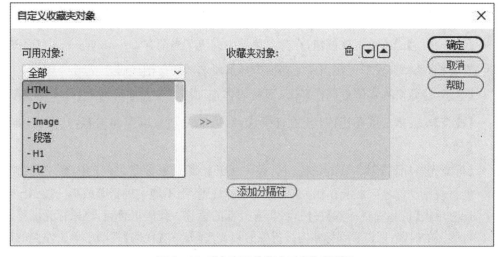

图 2‑28　"自定义收藏夹对象"对话框

2.1.10 工具栏

工具栏垂直显示在文档窗口的左侧,在所有视图(【代码】、【实时】和【设计】视图)中可见。工具栏上的按钮是特定于视图的,并且仅在适用于所使用的视图时显示。例如,如果正在使用【实时】视图,则特定于【代码】视图的选项(例如"格式化源代码")将不可见。

可以根据需要自定义此工具栏,即添加菜单选项或从工具栏删除不需要的菜单选项。单击工具栏中的 ••• 按钮,打开"自定义工具栏"对话框,如图 2-29 所示,选择或取消选择要在工具栏中显示的菜单选项,并单击"完成"按钮以保存工具栏。若要恢复默认工具栏按钮,请单击"自定义工具栏"对话框中的"恢复默认值"按钮。

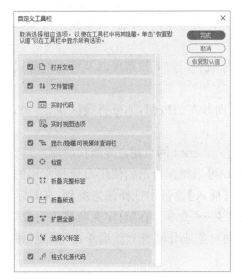

图 2-29 "自定义工具栏"对话框

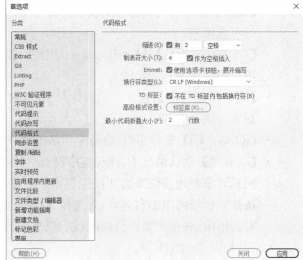

图 2-30 "代码格式"首选项

- 【打开文档】 ▭ :单击该按钮,在弹出菜单中列出了当前在 Dreamweaver 中打开的所有文档,选择其一即可在当前文档窗口显示所选择的文档代码。
- 【显示/隐藏可视媒体查询栏】 ☰ :可视媒体查询栏可直观显示页面中的媒体查询。
- 【检查】 ⟡ :单击该按钮,打开检查模式,对边框、边距、填充和内容,高亮显示不同颜色。
- 【折叠完整标签】 ⁝⁚ :单击该按钮折叠一组开始和结束标签之间的内容。此功能只能对规则的标签区域起作用,如果标签不够规则,则不能实现折叠效果。按 Alt 键的同时单击【折叠完整标签】按钮,将折叠外部的标签。代码折叠后,将鼠标光标移动到标签上的时候,可以看到标签内被折叠的相关代码。在【代码】视图中单击左侧的已折叠代码的展开按钮 ▶ 即可打开已经折叠的代码,单击折叠按钮 ▼ 即可折叠代码。
- 【折叠所选】 ⁚⁚ :单击该按钮将所选中的代码折叠。按 Alt 键的同时单击【折叠所选】按钮,将折叠外部所选。

- 【扩展全部】：单击该按钮还原所有折叠的代码。

- 【选择父标签】：单击该按钮选择插入点的那一行的内容及其两侧的圆括号、大括号或方括号。如果反复单击此按钮且两侧的符号是对称的，则最终选择该文档最外面的圆括号、大括号或方括号。

- 【格式化源代码】：单击该按钮，在弹出菜单中，选择"应用源格式"命令来快速给整个代码页面调整格式，选择"将源格式应用于选定内容"命令来给选定的代码行调整格式，选择"代码格式设置"命令来快速设置代码格式首选参数，如图 2 - 30 所示，选择"标签库"命令打开"标签库编辑器"对话框来编辑标签库，如图 2 - 31 所示。

图 2 - 31　"标签库编辑器"对话框　　　　　　图 2 - 32　应用注释

- 【应用注释】：单击该按钮可以在所选代码两侧添加注释标签，如未选择代码，则插入一对空的注释标签。它包括以下几类注释："应用 HTML 注释"（添加＜！—和—＞），"应用/＊＊/注释"（为 CSS 样式或 JavaScript 代码添加注释），"应用//注释"（为 CSS 样式或 JavaScript 代码添加注释），"应用注释"（为 Visual Basic 脚本添加注释），"应用服务器注释"，如图 2 - 32 所示。

- 【删除注释】：单击该按钮可以删除所选代码的注释标签。如果所选内容包含嵌套注释，则只会删除外部注释标签。

- 【缩进代码】：单击该按钮将选定内容向右移动。

- 【凸出代码】：单击该按钮将选定内容向左移动。

- 【自动换行】：单击该按钮后，当代码超过窗口宽度时自动换行。

2.2　HTML 基本概念和结构

2.2.1　HTML 概念

HTML(HyperText Markup Language,超文本标记语言)是制作网页需要掌握的最基本的语言,是一种文本类、解释执行的标记语言。了解 HTML 语言,有利于更好地进行网页设计和制作。HTML 文件的本质是一个扩展名为".htm"或".html"的文本文件,可以利用文本编辑软件进行创建和编辑操作。通过在文本文件中添加标记符,可以告诉浏览器如何显示其中的内容(如文字如何处理,画面如何安排,图片如何显示等)。浏览器按顺序阅读网页文件,然后根据标记符解释和显示其标记的内容,对书写出错的标记将不指出其错误,且不停止其解释执行过程,编制者只能通过显示效果来分析出错原因和出错部位。但需要注意的是,对于不同的浏览器,对同一标记符可能会有不完全相同的解释,因而可能会有不同的显示效果。

超级文本标记语言文档制作不是很复杂,但功能强大,支持不同数据格式的文件嵌入,其主要特点如下。

- 简易性:超级文本标记语言版本升级采用超集方式,从而更加灵活方便。
- 可扩展性:超级文本标记语言的广泛应用带来了加强功能,增加标识符等要求,超级文本标记语言采取子类元素的方式,为系统扩展带来保证。
- 平台无关性:虽然个人计算机大行其道,但使用 MAC 等其他计算机的大有人在,超级文本标记语言可以使用在广泛的平台上,这也是万维网(WWW)盛行的另一个原因。
- 通用性:HTML 是网络的通用语言,一种简单、通用的全置标记语言。它允许网页制作人建立文本与图片相结合的复杂页面,这些页面可以被网上任何其他人浏览到,无论使用的是什么类型的计算机或浏览器。

2.2.2　HTML 标签

一个完整的 HTML 文件由标题、段落、列表、Div 等各种对象组成,这些对象称为Element(元素),HTML 使用 Tag(标签)来分割并描述这些元素。

1. HTML 标签

HTML 标签是 HTML 语言中最基本的单位,是最重要的组成部分。HTML 标签不区分大小写,由尖括号包围关键词,成对出现。如<html></html>,标签对中的第一个标签是开始标签,也称开放标签,第二个标签是结束标签,也称闭合标签。特定的 HTML 元素没有结束标签,如
<hr/>。标签之间可以嵌套。

2. HTML 标签属性

标签的属性用来描述对象的特征,控制标签内容的显示和输出格式。大部分 HTML 标签都可以添加属性,常见的属性有宽度、高度、颜色、背景、字体等。HTML 属性一般都出现在 HTML 标签中,是 HTML 标签的一部分。标签可以拥有多个属性。

属性由属性名和属性值成对出现。一般格式为:

　　　　<标签名 属性名 1="属性值" 属性名 2="属性值">…</标签名>

2.2.3　HTML 文件的基本结构

HTML 文件的基本结构主要分成两部分:文档头部和文档主体。其中,文档头部用于说明文件的有关信息和进行一些必要的定义,文档主体包括网页正文中所有的文字、图像、声音等内容,是网页的主要部分。HTML 的基本结构如下:

　　　　<html>
　　　　　<head>
　　　　　　<title>网页的标题</title>
　　　　　</head>
　　　　　<body>
　　　　　　网页的内容
　　　　　</body>
　　　　</html>

整个 HTML 文档处于<html>与</html>之间,其内容分为两部分,<head>与</head>之间为文档头部,整个文档的相关信息如文档总标题、描述、作者、编写时间等均存放在这里,若不需头部信息则可省略此标记。<body>与</body>之间为文档主体,网页正文中的所有内容包括文字、图像、声音表格、动画等都包含在这对标记之间。在<body>标签中可以规定整个文档的一些基本属性。

2.3　HTML 常用标签

2.3.1　基本标签

HTML 的基本标签及其描述如表 2-1。

表 2-1

标签	描述
<html>…</html>	定义 HTML 文档
<head>…</head>	文档的信息
<meta/>	HTML 文档的元信息,针对搜索引擎和更新频度的描述和关键词,位于文档的头部,不包含任何内容,提供的信息用户是看不见的。 <meta http-equiv="Content-Type" content="text/html; charset=utf-8"/>
<title>…</title>	文档的标题

标签	描述
\<link/\>	文档与外部资源的关系,经常用于链接 CSS 样式表。type:定义被链接文档的类型;rel:定义当前文档和被链接文档之间的关系;href:定义被链接文档的位置。 \<link rel="stylesheet" type="text/css" href="styles. css"\>
\<style\>…\</style\>	文档的样式信息。 \<style type="text/css"\> h{color:red;} p{color:blue;} \</style\>
\<body\>…\</body\>	可见的页面内容,此标签中可以规定整个文档的一些基本属性,如:bg-color 页面的背景颜色,默认为白色;text 文本颜色,默认为黑色;link 还没有被浏览者激活的超链接的颜色,默认为蓝色;alink 被鼠标点中时超链接的颜色,默认为蓝色;vlink 被访问过的超链接的颜色,默认为紫色;background 页面的背景图形。 \<body bgcolor="red" text="blue" leftmargin="0" background="1. jpg"\> \</body\>
\<！—注释内容—\>	注释,在浏览器中不会显示

2.3.2 文本标签

HTML 的文本标签及其描述如表 2－2。

表 2－2

标签	描述
\<h1\>...\</h1\>	标题字大小(h1～h6,h1 定义最大的标题,h6 定义最小的标题)
\<b\>...\</b\>	粗体字
\<strong\>...\</strong\>	粗体字(强调)
\<i\>...\</i\>	斜体字
\<em\>...\</em\>	斜体字(强调)
\<u\>…\</u\>	下划线
\<s\>…\</s\>	删除线
\<sub\>…\</sub\>	下标
\<sup\>…\</sup\>	上标
\<br/\>	换行
\<hr/\>	水平线,它的属性有:width 水平线的宽度标记;size 水平线的高度;color 水平线的颜色;noshade 水平线去掉阴影属性标记;align 水平线对齐属性。 \<hr width="70%" size="3" color="green" align="center"\>

标签	描述
`<p>…</p>`	段落,属性 align 可以用来设置段落文本的对齐方式,其属性值有 3 个,分别是 left(左对齐)、center(居中对齐)、right(右对齐),当没有设置 align 属性时,默认为左对齐
`<pre>…</pre>`	预格式化的文本。在文字中间的所有空格和回车等格式全部被保留,且文本也会呈现为等宽字体,常见应用就是用来表示计算机的源代码
`<address>…</address>`	文档或文章的作者/拥有者的联系信息。如果`<address>`元素位于`<body>`元素内,则表示文档联系信息;如果位于`<article>`元素内,则表示文章的联系信息。`<address>`元素中的文本通常呈现为斜体,大多数浏览器会在 address 元素前后添加换行,它不应该用于描述通信地址,除非它是联系信息的一部分,通常连同其他信息被包含在`<footer>`元素中

2.3.3　列表标签

HTML 的列表标签及其描述如表 2-3。

表 2-3

标签	描述

`<ol>…</ol>`	有序列表,它的属性有:type 设置数字序列样式,取值为 1(阿拉伯数字 1、2、3…此为默认值)、A(大写字母 A、B、C…)、a(小写字母 a、b、c…)、Ⅰ(大写罗马数字Ⅰ、Ⅱ、Ⅲ…)、ⅰ(小写罗马数字ⅰ、ⅱ、ⅲ…)。start 设置数字序列的起始值,取值为 1、2、3…
	`<ol type="a">`
	　`<li>`中国科学院`</li>`
	　`<li>`中国工程院`</li>`
	`</ol>`

`<li>…</li>`	列表项目,它的属性有:type 设置数字样式,取值同 ol 的 type 属性,value 用于指定一个新的数字序列起始值,以获得非连续性的数字序列

`<ul>…</ul>`	无序列表,它的属性有:type 设置项目符号的类型,disc(实心圆)、circle(空心圆)、square(实心方块)。
	`<ul>`
	　`<li type="circle">`"两弹一星"精神:热爱祖国、无私奉献,自力更生、艰苦奋斗,大力协同、勇于登攀`</li>`
	`</ul>`

2.3.4　图形标签

HTML 的图形标签及其描述如表 2-4。

表 2-4

标签	描述
`<img>…</img>`	定义图像,它的属性有:src 图片路径;alt 设定图像的提示文字属性;width、height 设定图像的宽度和高度;border 设定图片的边框;align 设定图像的排列属性。 `<img src="images/top.gif" alt="顶部图片" width="770 px" height="200 px" border="5">`

2.3.5 表格标签

HTML 的表格标签及其描述如表 2-5。

表 2-5

标签	描述
`<table>…</table>`	定义表格,它的属性有:border 表格边框;cellpadding 内边距(内边框和内容的距离);cellspacing 外边距(内外边框的距离);width 设置表格的宽度;height 设置表格的高度;rowspan 单元格竖跨多少行;colspan 单元格横跨多少列(即合并单元格)
`<caption>…</caption>`	定义表格标题
`<th>…</th>`	定义表格内的表头单元格
`<tr>…</tr>`	定义行
`<td>…</td>`	定义单元格

2.3.6 超链接标签

HTML 的超链接标签及其描述如表 2-6。

表 2-6

标签	描述
`<a>…</a>`	超链接,它的属性有:href 指出转向的 URL;target 指出该超链接指向的 HTML 文档在指定目标窗口中打开(_blank 在新的窗口中显示;_self 在当前窗口中显示;_parent 在父窗口中显示;_top 在主窗口中显示;自定义 URL 在自定义的窗口中显示)。 `<a href="https://www.nsi.edu.cn/" target="_blank">`南京体育学院`</a>`

2.3.7 表单标签

HTML 的表单标签及其描述如表 2-7。

表 2-7

标签	描述
`<form>…</form>`	定义供用户输入的 HTML 表单
`<input/>`	输入控件,属性 type 设置该控件的类型,text 为文本输入框,password 为密码输入框,checkbox 为复选框,radio 为单选按钮,button 为可点击按钮,submit 为提交按钮,reset 为还原按钮,hidden 为隐藏,file 为文件域,image 为图像域,select 为选择(菜单/列表)。 `<input type="submit" name="button" id="button" value="提交"/>`
`<textarea>…</textarea>`	多行的文本输入控件,可容纳无限数量的文本,其中的文本的默认字体是等宽字体
`<label>…</label>`	为 input 元素定义标注(标记)

2.3.8　框架标签

HTML 的框架标签及其描述如表 2-8。

表 2-8

标签	描述
\<frameset>…\</frameset>	定义一个框架集，用来组织一个或者多个\<frame>元素
\<frame>…\</frame>	定义框架集的窗口或框架，它的属性有：frameborder 指定框架是否有边框，取值 yes、no、1 和 0；marginheight 定义框架的上方和下方的边距；noresize 规定无法调整框架的大小；scrolling 规定是否在框架中显示滚动条，取值 yes、no、auto；marginheight 定义框架的上方和下方的边距；marginwidth 定义框架的左侧和右侧的边距

2.3.9　层标签

HTML 的层标签及其描述如表 2-9。

表 2-9

标签	描述
\<div>…\</div>	本身并不代表任何东西，使用它可以标记区域，例如样式化（使用 class 或 id 属性）、用不同的语言（使用 lang 属性）标记 HTML 文档的某个部分等

2.4　HTML5

2.4.1　HTML5 概述

HTML5 规范于 2014 年 10 月 29 日由万维网联盟正式宣布，从 1999 年发布了 HTML4.01 之后，到 2014 年经历 15 年才推行 HTML5，中间还出现了 WHATWG 和 XHTML2.0 两种规范，最后双方合并成全新的 HTML5 版本。

2.4.2　HTML5 与 HTML4

1. DOCTYPE 声明

\<! DOCTYPE>声明不是 HTML 标签，它是指示 web 浏览器关于页面使用哪个 HTML 版本进行编写的指令。必须是 HTML 文档的第一行，位于\<html>标签之前。在 HTML4.01 中，\<! DOCTYPE>声明引用 DTD，因为 HTML4.01 基于 SGML。DTD 规定了标记语言的规则，这样浏览器才能正确地呈现内容。HTML5 不基于 SGML，所以不需要引用 DTD。

HTML4：

\<! DOCTYPE HTML PUBLIC "－//W3C//DTD HTML 4.01 Transition-

al//EN" "http://www.w3.org/TR/html4/loose.dtd">

HTML5：

<! doctype html>

2. 字符编码的设置

HTML4：

<meta http-equiv="Content-Type" content="text/html; charset=utf-8">

HTML5：

<meta charset="utf-8">

2.4.3 HTML5 中的新元素

为了让人机交互变得更加舒适，更贴合用户，更好地处理今天的互联网应用，HTML5 添加了很多新元素及功能，比如：图形的绘制，多媒体内容，更好的页面结构，更好的形式处理，和几个 api 拖放元素，定位，包括网页应用程序缓存、存储、网络工作者等。

1. <canvas>新元素

标签定义图形，比如图表和其他图像。该标签基于 JavaScript 的绘图 API。它是一个画布标签，只是作为一个图形容器，必须使用脚本来绘制图形。

2. 新多媒体元素

新多媒体元素的标签及其描述如表 2-10。

表 2-10

标签	描述
<audio>…</audio>	用来播放音频文件，目前，<audio>元素支持 3 种文件格式：MP3、Wav、Ogg
<video>…</video>	定义视频(video 或者 movie)，目前，<video>元素支持 3 种视频格式：MP4、WebM、Ogg
<source>…</source>	定义多媒体资源，可以为<picture>、<audio>或<video>元素指定一个或者多个媒体资源
<embed>…</embed>	定义嵌入的内容，比如插件
<track>…</track>	为诸如<video>和<audio>元素之类的媒介规定外部文本轨道

3. 新表单元素

新表单元素的标签及其描述如表 2-11。

表 2-11

标签	描述
<datalist>…</datalist>	定义选项列表，请与 input 元素配合使用该元素，来定义 input 可能的值
<keygen>…</keygen>	规定用于表单的密钥对生成器字段
<output>…</output>	定义不同类型的输出，比如脚本的输出

4. 新的语义和结构元素

新的语义和结构元素的标签及其描述如表 2-12。

表 2-12

标签	描述
\<article\>…\</article\>	定义页面独立的内容区域,可用作论坛帖子、报纸文章、博客条目、用户评论等
\<aside\>…\</aside\>	定义其所处内容(\<article\>标签)之外的内容,表示当前页面或文章的附属信息部分,可以包括与当前页面或主要内容相关的引用、侧边栏、导航条以及广告
\<bdi\>…\</bdi\>	允许设置一段文本,使其脱离其父元素的文本方向设置
\<command\>…\</command\>	表示用户能够调用的命令,可以定义命令按钮,比如单选按钮、复选框或按钮。只有当 command 元素位于 menu 元素内时,该元素才是可见的,否则不会显示这个元素,但是可以用它规定键盘快捷键
\<details\>…\</details\>	用于描述文档或文档某个部分的细节,与\<summary\>标签配合使用可以为 details 定义标题。标题是可见的,用户点击标题时,会显示出 details
\<dialog\>…\</dialog\>	定义对话框,比如提示框
\<summary\>…\</summary\>	标签包含 details 元素的标题
\<figure\>…\</figure\>	规定独立的流内容(图像、图表、照片、代码等)。figure 元素的内容应该与主内容相关,但如果被删除,则不应对文档流产生影响
\<figcaption\>…\</figcaption\>	定义\<figure\>元素的标题
\<footer\>…\</footer\>	定义 section 或文档的页脚。页脚通常包含文档的作者、版权信息、使用条款链接、联系信息等。可以在一个文档中使用多个\<footer\>元素
\<header\>…\</header\>	定义文档的页眉(介绍信息)
\<mark\>…\</mark\>	定义带有记号的文本
\<meter\>…\</meter\>	定义度量衡,仅用于已知最大和最小值的度量
\<nav\>…\</nav\>	定义导航链接的部分
\<progress\>…\</progress\>	定义任何类型的任务的进度
\<ruby\>…\</ruby\>	定义 ruby 注释(中文注音或字符)。由一个或多个字符(需要一个解释/发音)和一个提供该信息的 rt 元素组成,还包括可选的 rp 元素,定义当浏览器不支持 ruby 元素时显示的内容
\<rt\>…\</rt\>	在 ruby 注释中使用,定义字符(中文注音或字符)的解释或发音
\<rp\>…\</rp\>	在 ruby 注释中使用,定义不支持 ruby 元素的浏览器所显示的内容
\<section\>…\</section\>	定义文档中的节(section、区段),如章节、页眉、页脚或文档中的其他部分
\<time\>…\</time\>	定义日期或时间
\<wbr\>	规定在文本中的何处适合添加换行符

5. HTML5 不支持的元素

(1) <acronym>定义简写/缩写。使用<abbr>标签代替,可以在<abbr>标签中使用全局的 title 属性,这样就能够在鼠标指针移动到<abbr>元素上时显示出简称/缩写的完整版本。

(2) <applet>定义一个嵌入的对象。使用 object 元素标签代替,用于包含对象,比如音频、视频、Java applets、ActiveX、PDF 以及 Flash。

(3) <basefont>定义基准字体,可以为文档中的所有文本定义默认字体颜色、字体大小和字体系列。

(4) <big>呈现大号字体效果,使用样式代替。

(5) <center>对其所包括的文本进行水平居中,使用样式代替。

(6) <dir>定义目录列表,使用样式代替。

(7) <font>规定文本的字体、字体尺寸、字体颜色,使用样式代替。

(8) <frame>定义 frameset 中的一个特定的窗口(框架)。

(9) <frameset>定义一个框架集。它被用来组织多个窗口(框架)。每个框架存有独立的文档。

(10) <noframes>为那些不支持框架的浏览器显示文本。noframes 元素位于 frameset 元素内部。若需使用<frame>、<frameset>、<noframes>标签,则确保 doctype 被设置为"FramesetDTD"。

(11) <strike>定加删除线,使用<del>替代。

(12) <tt>呈现类似打字机或者等宽的文本效果,使用样式代替。

课后习题

一、选择题

1. HTML 文档结构中表示头部信息的 （　　）

    A. <body> </body>   B. <head></head>

    C. <html></html>   D. <title></title>

2. 在 HTML 文档中,使文本内容强制换行的标签是 （　　）

    A. <hr>   B.

    C. <pre>   D. <hn>

3. 以下哪个标签语言符合 HTML 的语法规范 （　　）

    A. <img src=pic. jpg width=150 height=200/>

    B. <p><div>文字加粗</p></div>

    C. <p align=center>

    D. <hr width="400" color="#000000">

4. 不属于 HTML 标记的是 （　　）

    A. <html>   B. <head>

C. ＜color＞　　　　　　　　　D. ＜body＞

5. 为了标记一个 HTML 文件,应该使用的 HTML 标记是　　　　　　　　（　　）

    A. ＜p＞＜/p＞　　　　　　　　B. ＜body＞＜/body＞

    C. ＜html＞＜/html＞　　　　　　D. ＜title＞＜/title＞

6. 最大的标题是　　　　　　　　　　　　　　　　　　　　　　　　（　　）

    A. ＜h7＞　　　　　B. ＜h6＞　　　　　C. ＜h2＞　　　　　D. ＜h1＞

7. ＜hr＞在 HTML 中是标记什么?　　　　　　　　　　　　　　　　（　　）

    A. 空格　　　　　　B. 换行　　　　　C. 水平标尺　　　D. 标题

8. 哪个标签是表示图像的　　　　　　　　　　　　　　　　　　　　（　　）

    A. ＜img＞　　　　B. ＜table＞　　　C. ＜p＞　　　　　D. ＜div＞

9. 表示打开一个新的浏览器窗口的是　　　　　　　　　　　　　　　（　　）

    A.【_blank】　　　　B.【_parent】　　　C.【_self】　　　D.【_top】

10. 在 HTML 中,正确的嵌套方式是　　　　　　　　　　　　　　　（　　）

    A. ＜table＞＜td＞＜tr＞＜/tr＞＜/td＞＜/table＞

    B. ＜table＞＜tr＞＜td＞＜/td＞＜/tr＞＜/table＞

    C. ＜table＞＜tr＞＜td＞＜/tr＞＜/td＞＜/table＞

    D. ＜table＞＜td＞＜tr＞＜/td＞＜/tr＞＜/table＞

二、填空题

1. 网页分为_____和_____两种类型。

2. HTML 中的所有标签都是有一对_____围住。

3. HTML 网页的标题是通过_____标签显示的。

4. 组成 HTML 主体结构的 3 对标签是_____、_____和_____。

第 2 章习题详解

第 3 章　规划站点

站点是网页文档集中存放的地点，Dreamweaver 不仅可以创建单独的文档，还可以创建完整的 Web 站点。本章主要讲解创建与管理本地站点、如何通过站点管理文件和文件夹的相关知识和操作。

知识要点	学习难度
了解站点规划的规则	★
掌握创建、配置与发布本地站点	★★
掌握管理站点	★★★
掌握站点的规划操作	★★

3.1　站点规划的规则

站点是用于存放用户制作的网页、各类素材（含图片、Flash 动画、视频、音频、数据库文件等）的一个本地文件夹。建立站点之前，应对站点的结构进行设计和规划，决定要创建多少网页、每个网页上显示什么内容、页面布局的外观以及网页是如何连接起来的。站点规划是为了使网站的结构更清晰，方便访问者的浏览。下面介绍站点规划时需要注意的几点。

1. 规划站点的目录结构

为了更合理地管理站点中的网页文件，需将文件分门别类地存放在相应的文件夹中，这就是规划站点的目录结构。网站目录结构的好坏对于网站的管理和维护至关重要。如果将一切网页文件都存放在一个文件夹中，当站点的规模越来越大时，管理起来就会很困难。

用文件夹来合理构建网页文件的结构时，应先为站点在本地磁盘上创建一个根文件夹；然后根据网站的栏目在根文件夹中创建相关的子目录。站点的每个栏目目录下都应创建 image、media 等文件夹，以存放图像、视频等不同分类的文件。

2. 文件对应文件夹存放

对于这些不同种类的文件应将其放置在不同的文件夹中，勿随意存放。最常见的是将所有图片文件放置在一个文件夹内，并取名为 image，如果图像文件较多，还可以在该文件夹中新建几个文件夹，将图像文件重新分门别类，方便存取图像文件。用 media 文件夹存放站

点中的 Flash、Shockwave、MIDI 等文件。而国外的大量网站在管理过程中,经常把非 HT-
ML 文件放在一个称为 Assets 的二级目录下,或者在每个分类下再建立 Assets 目录。

3. 合理命名文件

为了方便管理,文件夹和文件的名称最好有具体的含义。这点非常重要,特别是在网站
的规模变得很大时,若文件名容易理解,浏览者一看就明白网页描述的内容。否则,随着站
点中文件的增多,不易理解的文件名将会影响工作的效率。另外,应尽量避免使用中文文件
名,因为很多的 Internet 服务器使用的是英文操作系统,不能对中文文件名提供很好的支
持,但可使用汉语拼音。

4. 本地站点与远程服务器站点结构统一

为了方便维护和管理,在设置本地站点时,应将本地站点与远程站点的结构设计保持一
致。将本地站点上的文件上传到服务器上时,需保证本地站点是远程站点的完整拷贝,以免
出错,也便于对远程站点的调试与管理。

3.2　创建站点

3.2.1　创建本地站点

1. 使用向导创建站点

启动 Dreamweaver 程序,选择"站点">"新建站点"命令,打开"站点设置对象"对话框,
先设置站点项,这是在计算机本地创建的,在"站点名称"文本框中输入站点名称,然后在"本
地站点文件夹"文本框中选择本地站点文件夹路径,单击"保存"按钮,如图 3-1 所示。

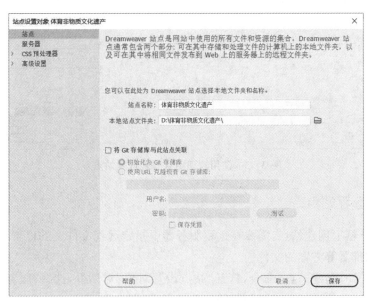

图 3-1　设置站点基本信息

在【文件】面板中,可以看到刚刚创建的站点,如图 3-2 所示。通过以上方法,即可完成

使用向导搭建站点的操作。

图 3-2 【文件】面板中的站点

2. 使用管理站点方式创建站点

选择"站点">"管理站点"命令,打开"管理站点"对话框,单击"新建站点"按钮,如图 3-3 所示。然后就出现上述所讲创建站点界面,其和使用向导新建站点的配置过程是一样的,这里不再赘述。

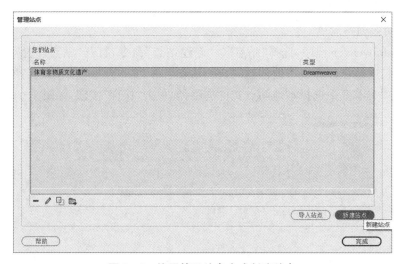

图 3-3 使用管理站点方式创建站点

3.2.2 创建远程站点

在远程服务器上创建站点,需要在远程服务器上指定远程文件夹的位置,该文件夹将存储生产、写作和部署等方案的文件。

选择"站点">"新建站点"命令,打开"站点设置对象"对话框,选择"服务器"选项,单击左下角的"+"按钮,将进行远程服务器的相关设置,如图 3-4 所示。

图 3－4　设置远程站点信息

- 【服务器名称】：指定新服务器的名称。该名称可以是所选择的任何名称。
- 【连接方法】：在设置远程文件夹时，须为 Dreamweaver 选择连接方法，以将文件上传和下载到 Web 服务器。一般采用 FTP 方式。
- 【FTP 地址】：输入要将网站文件上传到 FTP 服务器的地址。
- 【用户名】/【密码】：输入用于连接 FTP 服务器的用户名和密码。
- 【测试】：测试 FTP 地址、用户名和密码。
- 【根目录】：输入远程服务器上用于存储公开显示的文档的目录（文件夹）。
- 【Web URL】：输入 Web 站点的 URL。Dreamweaver 使用 Web URL 创建站点根目录相对链接，并在使用链接检查器时验证这些链接。

选择【高级设置】选项卡，出现【本地信息】、【遮盖】、【设计备注】、【文件视图列】、【Contribute】、【模板】、【Spry】和【Web 字体】选项卡。可在各选项卡中进行不同参数设置，下面主要介绍【本地信息】设置，其余设置可根据需要自行选择。将【高级设置】展开后，点击【本地信息】选项，如图 3－5 所示。

在【本地信息】中，可设置默认存放网站图片的文件夹等。

- 【默认图像文件夹】：设置默认存放网站图片的文件夹。输入文件夹的路径或单击文件夹图标浏览到该文件夹，但对于结构比较复杂的网站而言，图片往往不只存放在一个文件夹中。
- 【链接相对于】：Dreamweaver 可以创建两种类型的链接，文档相对链接和站点根目录相对链接。默认情况下，Dreamweaver 创建文档相对链接。如果更改默认设置并选择"站点根目录"选项，请确保"Web URL"文本框中输入了站点的正确 Web URL。更改此设置将不会转换现有链接的路径；此设置仅应用于使用 Dreamweaver 以可视方式创建的新链接。

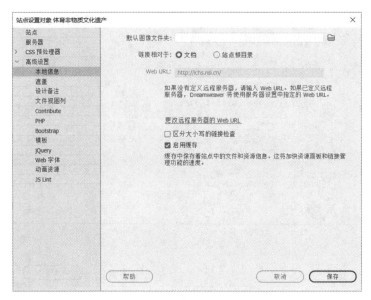

图 3-5　站点的高级设置

- 【Web URL】：输入网站在 Internet 上的网址，将在验证使用绝对地址的链接时发挥作用。在输入网址时需注意，网址前须包含"http：//"。
- 【区分大小写的链接检查】：区分大小写的链接检查，设置是否检查链接文件名的大小写。
- 【启用缓存】：勾选该复选框后可加快链接和站点管理任务的速度。如果不选择此选项，Dreamweaver 在创建站点前将再次询问是否希望创建缓存。

3.3　管理站点

站点创建完成后，可对站点进行管理，常用管理站点的方法包括打开站点、编辑站点、复制站点、删除站点、导出站点等。Dreamweaver 提供了功能强大的站点管理工具，通过它可以轻松地实现站点名称、所在路径、远程服务器连接等功能的管理。

3.3.1　【管理站点】面板

选择"站点"＞"管理站点"命令，打开"管理站点"对话框，如图 3-3 所示。在该对话框中，可以对建立的站点进行管理。

- 【导入站点】按钮：用来导入站点。
- 【删除】按钮：从 Dreamweaver 站点列表中删除选定的站点及其所有设置信息；这并不会删除实际站点文件。
- 【编辑】按钮：编辑用户名、口令等信息以及现有 Dreamweaver 站点的服务器信息在站点列表中选择现有站点，然后单击【编辑】按钮以编辑现有站点。
- 【复制】按钮：复制当前选定的站点。

- 【导出】按钮：导出当前选定的站点。

3.3.2　【文件】浮动面板

选择"窗口">"文件"命令，打开【文件】浮动面板。新建的站点名称、文件夹及内容都会显示在该面板中。该面板由上到下可分成 4 个部分，分别是【站点菜单栏】、【快捷工具栏】、【站点窗口】和【文件信息栏】。

1. 站点菜单栏

单击右侧标记，将弹出展开菜单，里面包括很多选项，如图 3-6 所示。

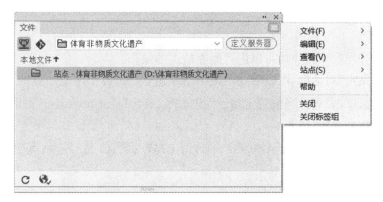

图 3-6　【文件】浮动面板的菜单栏

2. 快捷工具栏

【快捷工具栏】如图 3-7 所示，包括【显示文件视图】、【显示 Git 视图】、【列表】以及【定义服务器】，其中列表列出了本地计算机的所有磁盘分区和所存在的站点名称。

图 3-7　【文件】浮动面板的工具栏

3.3.3　打开站点

在【文件】浮动面板中，单击【快捷工具栏】左边的下拉列表，在弹出的下拉列表中，选择准备打开的站点，单击即可打开相应的站点。

3.3.4　编辑站点

编辑站点是指对站点的属性进行重新配置。选择"站点">"管理站点"命令，打开"管理站点"对话框，选择准备编辑的站点名称，单击"编辑当前选定站点"按钮　，如图 3-3 所示。打开"站点设置对象"对话框，可以依照之前所讲创建站点操作对【站点名称】、【本地站点文件夹】、【高级设置】等进行相应的设置，完成后单击"保存"按钮，返回至"管理站点"对话框，单击"完成"按钮，即可完成站点的编辑。

3.3.5 复制站点

如果想创建多个结构相同或类似的站点,则可以利用站点的可复制性来实现。打开"管理站点"对话框中,选择准备复制的站点名称,单击"复制当前选定站点"按钮 ,即可复制所选站点。

新复制出的站点会显示在"管理站点"对话框的站点列表框中,名称是原站点名称后添加"复制"字样。复制过来的站点一般需要经过一定的修改才能用作新站点,可根据具体情况通过"编辑站点"进行修改操作。

3.3.6 删除站点

如果不再需要某个站点时,可以进行删除站点的操作。

打开"管理站点"对话框,可以看到本机中已经建立好的各个网站站点的列表,选择准备删除的站点名称,单击"删除当前选定站点"按钮 ,弹出"Dreamweaver"对话框中单击"是"按钮,即可删除该站点。

注意:这个操作删除的只是 Dreamweaver 中的站点设置,而不是站点中的网页和各类素材文件。

3.3.7 导入与导出站点

通常制作网站时会新建站点来完成各项制作工作,但有时需要在其他计算机使用该站点,那么就需要进行站点的导入或导出。

如果原来有导出的站点,现在需要导入的话,可以在"管理站点"对话框中单击"导入站点"按钮,如图 3-8 所示的"导入站点"对话框中选择需要导入的扩展名为.ste 的站点文件,单击"打开"按钮,即可导入站点。

导出站点的操作相似,在"管理站点"对话框中选择要导出的站点,单击"导出站点"按钮,在如图 3-9 所示的"导出站点"对话框中设置保存路径和文件名,单击"完成"按钮,即可导出扩展名为.ste 的站点文件。

图 3-8 导入站点

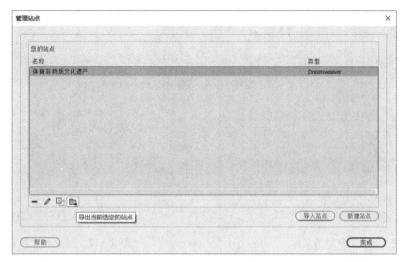

图 3-9　导出站点

3.4　站点的规划操作

一个完整的站点是由许多网页文件和相关的图片、音视频等组成的。站点创建好之后，需要对站点中的文件或文件夹进行操作，以此创建网页文档及进行各类素材文件的索引。通过【文件】面板可以对本地站点中的文件和文件夹进行创建、移动、复制、重命名和删除等操作。

3.4.1　新建文件或文件夹

1. 新建文件

在【文件】面板中，在准备新建文件的对应站点名上单击鼠标右键，弹出的快捷菜单中，选择"新建文件"菜单项，如图 3-10 所示。

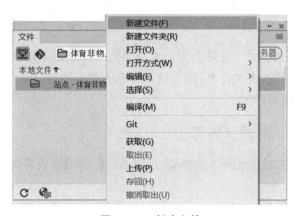

图 3-10　新建文件

在当前选定站点下，会生成一个"untitled. html"的 HTML 格式的文件，如图 3-11，此时文件名称为可编辑状态,修改文件名称为 index. html,并按 Enter 键,即可完成在站点中新建网页文件的操作,如图 3－12 所示。

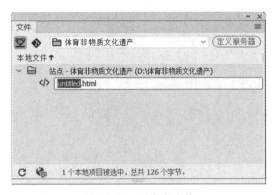

图 3－11　重命名文件

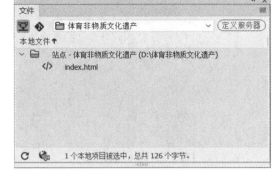

图 3－12　重命名文件完成

2. 新建文件夹

打开【文件】面板,在【文件】面板中准备新建的文件夹位置右击,在弹出的快捷菜单中,选择"新建文件夹"选项,与新建文件操作基本一致。

系统会自动在根目录下新建一个文件或文件夹,此时名称为可编辑状态,如图 3－13 所示,可以重新命名、修改文件夹名称,例如 images 并按 Enter 键,如图 3－14 所示。

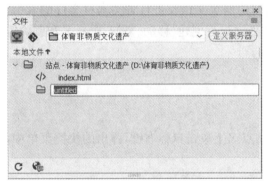

图 3－13　新建文件夹

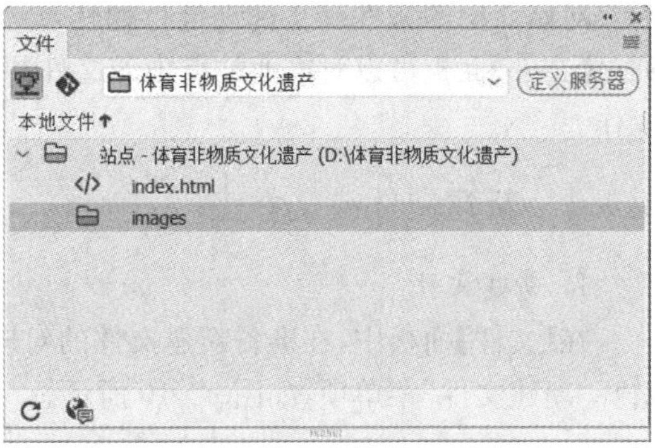

图 3－14　重命名文件夹

注意:在 Dreamweaver 中,软件会对新生成的文件或文件夹进行自动命名,一般为"untitled"。不建议使用默认文件名,因为这种命名方式会造成文件识别混乱,在以后的索引、查找、链接中都会极不方便。

3.4.2　移动和复制文件或文件夹

在网站制作过程中,根据实际工作需要,可以通过【文件】面板将文件或者文件夹移动或者复制到其他位置。

1. 移动文件或文件夹

移动文件或者文件夹是指将选中的文件或者文件夹移动到目标位置后,原文件或文件夹不作保留。

在【文件】面板中选择准备移动的文件或文件夹，拖到相应的文件夹即可；也可以选择要的移动文件或文件夹，单击鼠标右键弹出的菜单中选择"编辑"选项，在弹出的子菜单中选择"剪切"选项（或按快捷键"Ctrl＋X"）和"粘贴"选项（或按快捷键"Ctrl＋V"），进行文件或文件夹的移动操作，如图 3－15 所示。弹出"更新文件"对话框，单击"更新"按钮，如图 3－16 所示，即可完成移动文件或文件夹的操作，如图 3－17 所示。

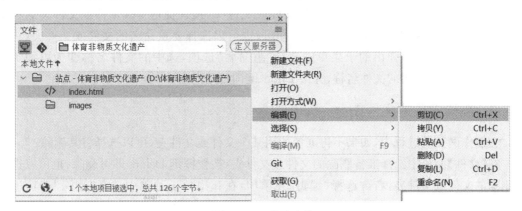

图 3－15　移动文件

图 3－16　更新文件

图 3－17　更新文件完成

2. 复制文件或文件夹

在【文件】面板中，选择准备复制的文件或文件夹，按住"Ctrl"键的同时拖到相应的文件夹即可；也可以选择要复制的文件或文件夹，右键选择"编辑"选项，在弹出的子菜单中选择

"拷贝"选项(或按快捷键"Ctrl+C")和"粘贴"选项(或按快捷键"Ctrl+V")进行文件或文件夹的复制操作。

3.4.3 重命名文件或文件夹

在制作网页的过程中,为了便于管理,有时需要对创建的文件或文件夹进行重命名。

在【文件】面板中选择准备重命名的文件或文件夹,按快捷键 F2,文件或文件夹名称呈反白显示,输入新的文件或文件夹的名称即可;也可以选择要重命名的文件或文件夹,右键选择"编辑"菜单项,在弹出的子菜单中选择"重命名"选项,选中的文件名称变为可编辑状态,重新输入准备使用的文件名称,并按 Enter 键即可重命名。

3.4.4 删除文件或文件夹

在制作网页的过程中,如果不再准备使用某个文件或文件夹,可以选择将其删除。

在【文件】面板中选择准备删除的文件或文件夹,按快捷键 Delete 即可删除;也可以选择要删除的文件或文件夹,右键选择"编辑"菜单项,在弹出的子菜单中选择"删除"选项进行删除。

课后习题

创建全民健身站点

知识要点:使用"新建站点"命令,在本地创建一个"全民健身"站点;使用"新建文件夹"命令,分别创建对应文件夹。

第 3 章习题详解

第 4 章　Dreamweaver CC 的基本操作

在开始设计网站页面时可以设置好页面的各种属性,页面属性可以控制网页的背景颜色和文本颜色等,主要对外观进行总体控制。文本是网页表达信息的主要途径之一,大量的信息传播都以文本为主,文本在网站上的运用是最广泛的,因此对于网页制作人员来讲,文本的处理固然是基本而重要的技巧之一。本章主要讲解网页文件的基本操作、页面属性的设置、文本的制作与编辑方法、特殊文本对象、项目列表和编号列表、辅助工具等内容。

知识要点	学习难度
掌握网页文件的基本操作	★★
掌握页面属性的设置	★★★
掌握文本的制作与编辑	★★
掌握特殊文本对象的操作	★★
掌握项目列表和编号列表的使用	★★★
了解辅助工具的使用	★★
掌握网页头信息的设置	★★★

4.1　网页文件的基本操作

4.1.1　新建文档

方法一:启动 Dreamweaver CC 后,在开始屏幕中,单击"新建"按钮,可以打开"新建文档"对话框,如图 4 - 1 所示,由【新建文档】、【启动器模板】、【网站模板】3 个选项卡组成。

方法二:启动 Dreamweaver CC 后,在开始屏幕中,单击"快速开始"中显示的任意文件类型,可以快速创建空白文件,单击"起始模板"可以使用 Dreamweaver CC 中打包的起始页模板。

方法三:在菜单栏中选择"文件">"新建"命令,如图 4 - 2 所示,打开"新建文档"对话框。

- 【新建文档】选项卡:显示所有受支持的文档文件类型,包括 PHP、XML 和 SVG。如选择 HTML 页面类型,单击"创建"按钮即可完成一个新的空白文档的创建,如图 4 - 1 所示。

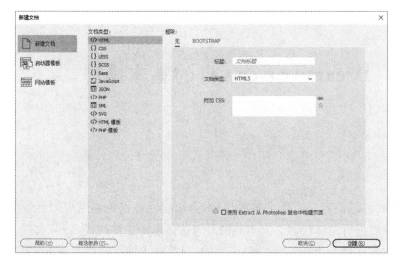

图 4 - 1 "新建文档"对话框　　　　　　　　　　**图 4 - 2 "新建"命令**

在 Dreamweaver CC 中默认新建的 HTML 文档都是基于 HTML5 文件类型的 HTML 文件。在菜单栏中选择"编辑">"首选项"命令，打开"首选项"对话框，在"分类"列表中选择"新建文档"选项卡中设定创建网页的默认值，如图 4 - 3 所示。

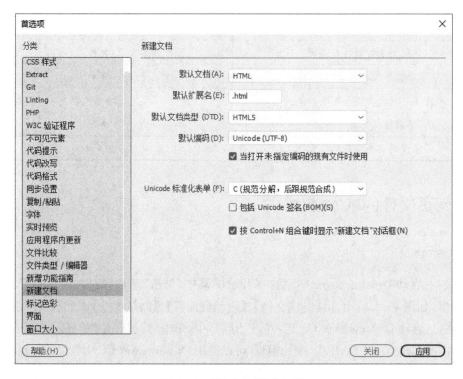

图 4 - 3 "新建文档"首选项

- 【启动器模板】选项卡：Dreamweaver CC 附带了几个专业人员开发的适用于移动应用程序的起始页文件，可以基于这些示例文件开始设计站点页面。选择其中一个示例文件夹中的示例页，即可创建基于 Dreamweaver CC 起始页模板的页面，如图 4 - 4 所示。

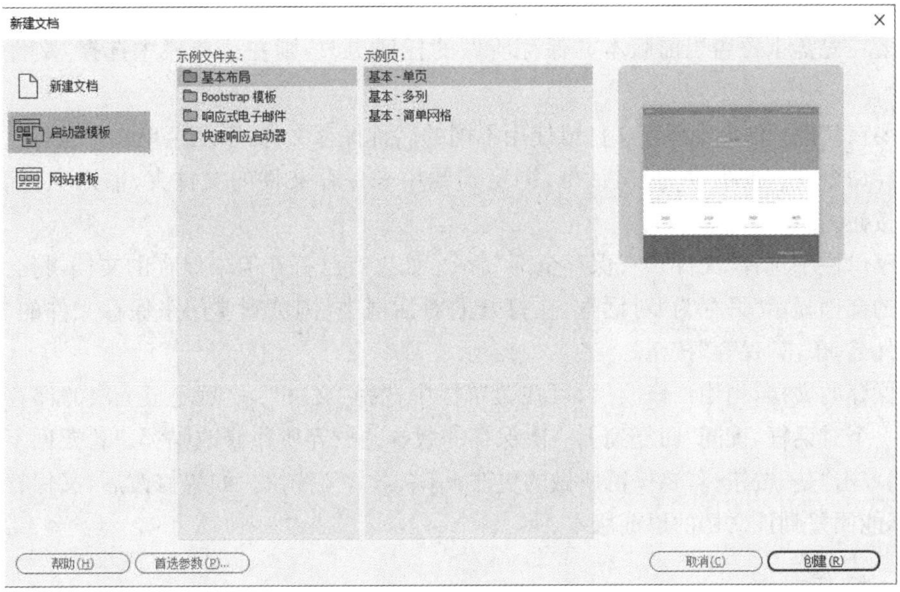

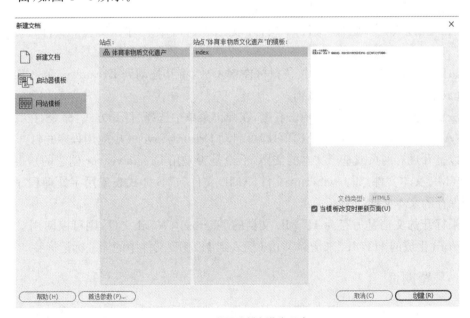

图 4 - 4　"启动器模板"选项卡

- 【网站模板】选项卡：可以创建基于各站点中的模板的相关页面。在"站点"列表中可以选择需要创建基于模板页面的站点，在"站点……的模板"列表中列出了所选站点中的所有模板页面，选中任意一个模板，单击"创建"按钮，即可创建基于该模板的页面，如图 4 - 5 所示。

图 4 - 5　"网站模板"选项卡

4.1.2　保存文档

若要在磁盘上覆盖当前版本并保存所做的任何更改，则在菜单栏中选择"文件">"保存"命令。

若要在其他文件夹中保存文件或使用不同的名称保存文件，则在菜单栏中选择"文件">"另存为"命令，打开"另存为"对话框，浏览到要用来保存文件的文件夹，输入文件名，单击"保存"按钮。

在菜单栏中选择"文件">"保存全部"命令，如果有已打开但未保存的文档，将会为每个未保存的文档显示"另存为"对话框，在打开的对话框中，浏览到要用来保存文件的文件夹，输入文件名，单击"保存"按钮。

已保存的文档，当用户修改后，可在菜单栏中选择"文件">"回复至上次的保存"命令，将弹出一个对话框，询问"回复到上一次保存的版本并放弃所作修改吗？"。若要回复到上次版本，请单击"是"按钮；若要保留所做的更改，请单击"否"按钮。如果修改后，又保存了该文档，就不能回复到该文档的以前版本。

4.1.3　打开文档

方法一：启动 Dreamweaver CC 后，在开始屏幕中，单击"打开"按钮，在"打开"对话框中选择要打开的文档后，单击"打开"即可进入该文档的编辑模式。在开始屏幕中"最近使用项"区域会列举最近使用的文档，单击对应的文件名称即可打开该文档。

方法二：在菜单栏中选择"文件">"打开"命令，在"打开"对话框中选择要打开的文档后，单击"打开"即可进入该文档的编辑模式。

方法三：在菜单栏中选择"文件">"打开最近的文件"命令，单击对应的文件名称即可打开该文档。

方法四：选择要打开的文档，按住鼠标左键不放，将其拖动到 Dreamweaver CC 的菜单栏上，释放鼠标左键即可打开该文档。

方法五：选择要打开的文档，单击右键，在弹出菜单中选择"打开方式"命令，在其子菜单中选择"Adobe Dreamweaver CC"选项，即可启动 Dreamweaver CC 应用程序并打开文档。

可以打开现有网页或基于文本的文档（不论是否是用 Dreamweaver 创建的），也可以打开非 HTML 文本文件，如 JavaScript 文件、XML 文件、CSS 样式表或用字处理程序或文本编辑器保存的文本文件。

如果打开的文档是另存为 HTML 文档的 MicrosoftWord 文件，则可以使用"工具">"清理 Word 生成的 HTML"来清除 Word 插入到 HTML 文件中的无关标记标签。

4.1.4　预览网页

在 Dreamweaver CC 中完成了网页的制作或编辑后，可以通过以下几种方式在浏览器中预览。对于未保存的文件，在预览网页效果时，将打开一个提示对话框提示保存，直接保存后即可进入预览页面。

方法一：单击状态栏中的"在浏览器中/设备上预览"按钮 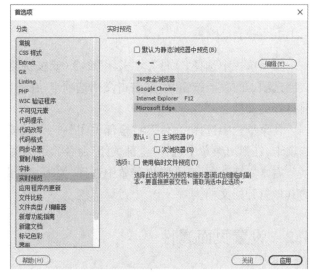，在弹出菜单中选择一种浏览器进行预览，如图 4-6 所示。在"在浏览器中/在设备上预览"菜单中的浏览器列表是根据用户当前计算机中安装的浏览器类型自动生成的。

方法二：在菜单栏中选择"文件">"实时预览"命令，在弹出菜单中选择一种浏览器进行预览。

方法三：使用 Dreamweaver CC 中的"实时视图"功能预览网页的效果。单击文档工具栏中的"实时视图"按钮或在菜单栏中选择"查看">"查看模式">"实时视图"命令或按快捷键"Ctrl＋Shift＋F11"切换视图模式。

1. 设置默认浏览器

方法一：在菜单栏中选择"文件">"实时预览">"编辑浏览器列表"命令，打开"首选项"对话框，如图 4-7 所示，选择一种浏览器，勾选"主浏览器"（按快捷键 F12 可使用主浏览器预览效果）或"次浏览器"（按快捷键"Ctrl＋F12"可使用次浏览器预览效果），单击"应用"按钮。

图 4-6　"在浏览器中/设备上预览"菜单

图 4-7　"实时预览"首选项

方法二：单击状态栏中的"在浏览器中/设备上预览"按钮 ，在弹出菜单中选择"编辑列表"命令，打开"首选项"对话框，选择一种浏览器，勾选"主浏览器"或"次浏览器"，单击"应用"按钮。

方法三：在菜单栏中选择"编辑">"首选项"命令（或按快捷键"Ctrl＋U"），打开"首选项"对话框，在"分类"列表中选择"实时预览"选项卡，选择一种浏览器，勾选"主浏览器"或"次浏览器"，单击"应用"按钮。

2. 添加浏览器

"首选项"对话框的"实时预览"选项卡中，单击添加浏览器按钮 ，打开"添加浏览器"对话框，如图 4-8 所示，单击"浏览"按钮，打开"选择浏览器"对话框，选择浏览器文件。

3．删除浏览器

"首选项"对话框的"实时预览"选项卡中，选择一种浏览器，单击删除浏览器按钮■，单击"应用"按钮。

4．编辑浏览器

"首选项"对话框的"实时预览"选项卡中，选择一种浏览器，单击"编辑"按钮，打开"编辑浏览器"对话框，如图 4－9 所示，可修改浏览器名称和应用程序位置，设置主、次浏览器。

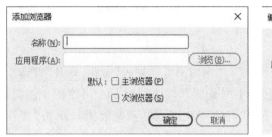

图 4－8　"添加浏览器"对话框　　　　　图 4－9　"编辑浏览器"对话框

4.1.5　关闭文档

在菜单栏中选择"文件"＞"关闭"命令（或按快捷键"Ctrl＋W"，或单击文档窗口上方的文档选项卡的关闭按钮✕，或右击文档选项卡，在弹出菜单中选择"关闭"命令），可以关闭当前打开的文档。

在菜单栏中选择"文件"＞"全部关闭"命令（或按快捷键"Ctrl＋Shift＋W"，或右击文档选项卡，在弹出菜单中选择"全部关闭"命令），可以关闭所有打开的文档。

右击文档选项卡，在弹出菜单中选择"关闭其他文件"命令，可以关闭除了当前文档以外的其他打开的文档。

4.2　设置页面属性

对于在 Dreamweaver CC 中创建的每个页面，都可以使用"页面属性"对话框（在菜单栏中选择"文件"＞"页面属性"命令或单击【属性】面板上的"页面属性"按钮）指定布局和格式设置属性。Dreamweaver CC 提供了两种修改页面属性的方法：CSS 或 HTML。

4.2.1　设置外观(CSS)

"外观(CSS)"选项可指定网页的若干基本页面布局选项，包括页面字体、大小、文本颜色、背景颜色、背景图像、页边界等，如图 4－10 所示。

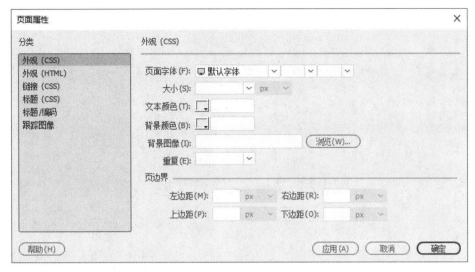

图 4-10　"外观(CSS)"选项

- 【页面字体】:指定在网页中使用的默认字体系列。三个下拉列表分别用于设置字体、字体样式和字体粗细。
- 【大小】:指定在网页中使用的默认字体大小。
- 【文本颜色】:指定显示字体时使用的默认颜色。
- 【背景颜色】:设置网页的背景颜色。
- 【背景图像】:设置网页的背景图像。
- 【重复】:设置背景图像的重复方式。选择"no-repeat"选项将仅显示背景图像一次。选择"repeat"选项横向和纵向重复或平铺图像。选择"repeat-x"选项可横向平铺图像。选择"repeat-y"选项可纵向平铺图像。
- 【页边界】:指定页面左边距、右边距、上边距、下边距的大小。

4.2.2　设置外观(HTML)

外观(HTML)和外观(CSS)的相关设置选项基本相同,区别在于:多了关于链接的相关设置,且在外观(HTML)中设置的页面属性,将会自动在页面主体＜body＞标签中添加相应的属性设置代码,而不会自动生成 CSS 样式,如图 4-11 所示。

4.2.3　设置链接(CSS)

"链接(CSS)"选项可设置页面中的链接文本的效果,如图 4-12 所示。

- 【链接字体】:指定链接文本使用的默认字体系列。三个下拉列表分别用于设置字体、字体样式和字体粗细。
- 【大小】:指定链接文本使用的默认字体大小。
- 【链接颜色】:指定应用于链接文本的颜色。
- 【变换图像链接】:指定当鼠标(或指针)悬停在链接上时应用的颜色。

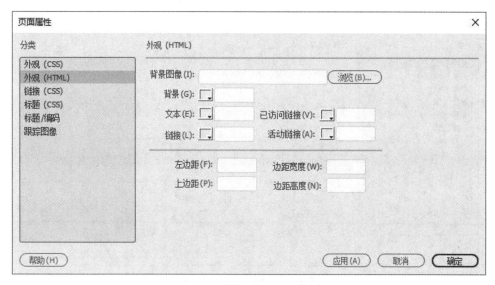

图 4‑11 "外观(HTML)"选项

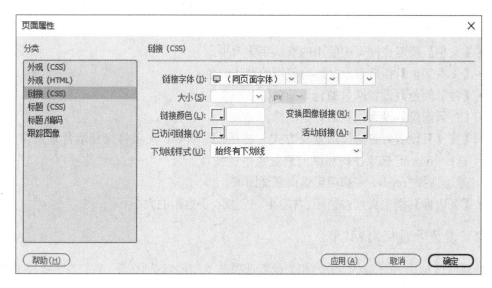

图 4‑12 "链接(CSS)"选项

- 【已访问链接】:指定应用于已访问链接的颜色。
- 【活动链接】:指定当鼠标(或指针)在链接上单击时应用的颜色。
- 【下划线样式】:指定应用于链接的下划线样式。

4.2.4 设置标题(CSS)

"标题(CSS)"选项可以设置标题文字的相关属性,如图 4‑13 所示。

- 【标题字体】:指定标题使用的默认字体系列。三个下拉列表分别用于标题的字体、字体样式和字体粗细。

- 【标题 1】至【标题 6】：在 HTML 页面中可以通过<h1>至<h6>标签定义页面中的文字为标题文字，分别对应【标题 1】至【标题 6】，在该选项区可以分别设置不同标题文字的大小及文本颜色。

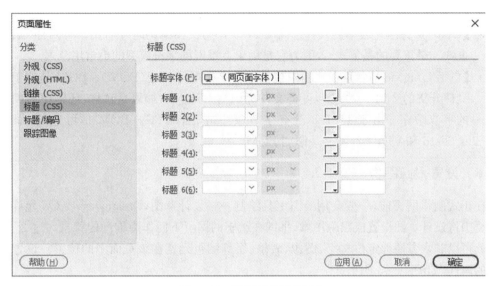

图 4‐13　"标题(CSS)"选项

4.2.5　设置标题/编码

"标题/编码"选项可指定用于创作网页的语言专用的文档编码类型，如图 4‐14 所示。

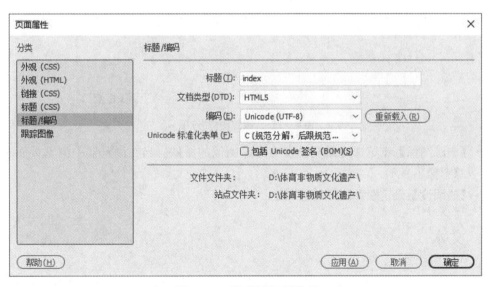

图 4‐14　"标题/编码"选项

- 【标题】：指定在文档窗口和大多数浏览器窗口的标题栏中出现的页面标题。
- 【文档类型】：指定文档类型定义。

- 【编码】:指定文档中字符所用的编码。如果选择 Unicode(UTF-8)作为文档编码,则不需要实体编码,因为 UTF-8 可以安全地表示所有字符。如果选择其他文档编码,则可能需要用实体编码才能表示某些字符。
- 【重新载入】:转换现有文档或者使用新编码重新打开它。
- 【Unicode 标准化表单】:仅在选择 UTF-8 作为文档编码时才启用。有四种 Unicode范式。最重要的是范式 C,因为它是用于万维网的字符模型的最常用范式。
- 【包括 Unicode 签名】:在文档中包括一个字节顺序标记(BOM)。BOM 是位于文本文件开头的 2 到 4 个字节,可将文件标识为 Unicode,如果是这样,还标识后面字节的字节顺序。由于 UTF-8 没有字节顺序,添加 UTF-8 BOM 是可选的,而对于UTF-16 和 UTF-32,则必须添加 BOM。

4.2.6 设置跟踪图像

在正式制作网页前,一般会用绘图工具绘制一幅设计草图,Dreamweaver CC 允许用户在网页中将设计草图设置成跟踪图像,平铺在编辑的网页下面作为辅助的背景。这么一来,用户就可以非常方便地定位文字、图像、表格、层等网页元素在该页面中的位置。设置跟踪图像的属性,如图 4-15 所示。

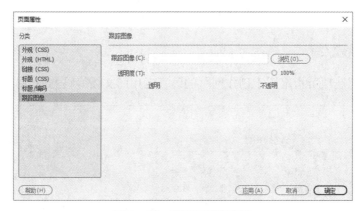

图 4-15 "跟踪图像"选项

- 【跟踪图像】:浏览选择需要设置为跟踪图像的图像。当在浏览器中浏览页面时,跟踪图像不显示。
- 【透明度】:设定跟踪图像的透明度。

4.3 文本

文本是网页中最基本的元素,是网页表达信息的主要途径之一,由于文本产生的信息量大,输入修改方便,并且生成的文件小,易于浏览下载,因此其占有不可替代的地位。掌握文本的使用,对于制作网页来说是最基本的要求。

4.3.1　输入文本

Dreamweaver CC 提供了 3 种插入文本的方式：直接输入文本、复制粘贴提前准备好的文本、从其他文档导入文本。

1. 直接输入文本

直接输入文本是最基本的输入方式。新建空白文档，将光标定位在文档窗口的编辑区域，直接输入文本，如图 4-16 所示。

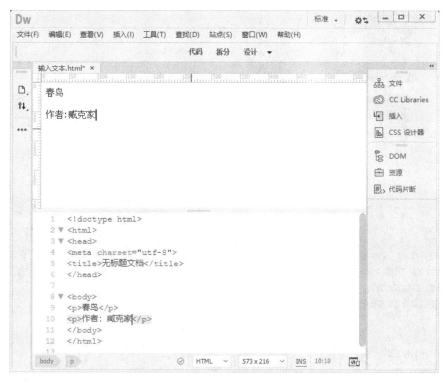

图 4-16　直接输入文本

2. 复制粘贴文本

用户可以从其他软件或文档中，将文本内容进行复制操作，然后将光标定位在要插入文本的位置，在菜单栏中选择"编辑"＞"粘贴"命令（或按快捷键"Ctrl＋V"或右键单击，在弹出菜单中选择"粘贴"命令），如图 4-17 所示。

在粘贴过程中，用户还可以选择粘贴类型，在菜单栏中选择"编辑"＞"选择性粘贴"命令（或按快捷键"Ctrl＋Shift＋V"或右键单击，在弹出菜单中选择"选择性粘贴"命令），打开"选择性粘贴"对话框，选择相应的粘贴格式选项，如图 4-18 所示，效果如图 4-19 所示。

- 【仅文本】：插入无格式文本。如果原始文本带有格式，所有格式会被删除。
- 【带结构的文本】：插入文本并保留结构，但不保留基本格式设置。保留段落、列表和表格等结构，但是不保留粗体、斜体和其他格式设置。

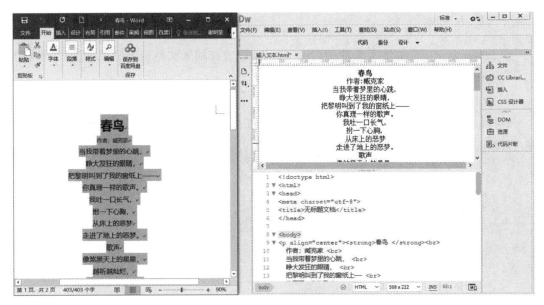

图 4-17　复制粘贴文本

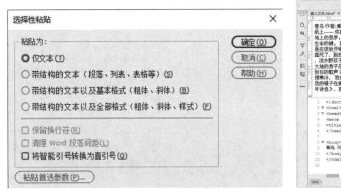

图 4-18　"选择性粘贴"对话框　　　　图 4-19　粘贴为"仅文本"

- 【带结构的文本以及基本格式】：插入带有结构和简单的 HTML 格式的文本。如段落、表格和带有粗体、斜体、下划线等格式的文本。
- 【带结构的文本以及全部格式】：插入文本并保留所有结构、HTML 格式设置和 CSS 样式。
- 【清理 Word 段落间距】：如果选择的是"带结构的文本"或"带结构的文本以及全部格式"，并要在粘贴文本时删除段落之间的多余空白，则勾选此选项。
- 【粘贴首选参数】：单击该按钮，可以打开"首选项"对话框，设置粘贴的默认选项。

小贴士：

当使用"编辑"＞"粘贴"命令(或按快捷键"Ctrl＋V")粘贴文本时，可在菜单栏中选择"编辑"＞"首选项"命令(或按快捷键"Ctrl＋U")，打开"首选项"对话框，在"分类"列表中选择"复制/粘贴"选项卡，设置粘贴的默认选项，单击"应用"按钮。

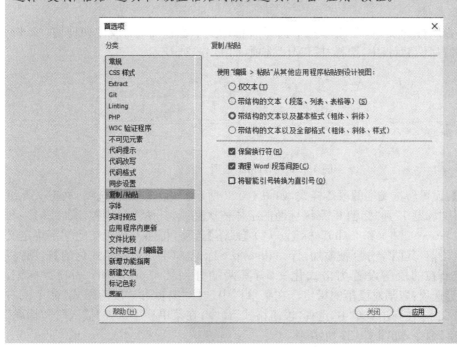

3. 从其他文档导入文本

(1) 从 Microsoft Office 文档导入文本：打开要插入 Word 或 Excel 文档的 HTML 文档，在【设计】视图中，将文件从电脑的硬盘中拖放到要在其中显示内容的 HTML 文档中，会弹出如图 4-20 所示的对话框，进行相应设置后，Word 或 Excel 文档的内容会出现在 HTML 文档中。

图 4-20　从 Microsoft Office 文档导入文本

（2）在菜单栏中选择"文件">"导入">"XML 到模板"/"表格式数据"命令。

4.3.2　设置文本属性

输入文本完成后，可对文本进行属性设置，包括设置字体、字号、字体颜色、对齐方式、文本样式等。

1. HTML 属性

选中需设置属性的文本，在菜单栏中选择"窗口">"属性"命令（或按快捷键"Ctrl＋F3"），在出现的【属性】面板中，选择"HTML"选项，如图 4－21 所示。

图 4－21　"HTML"选项

- 【格式】：设置所选文本的段落样式，如图 4－22 所示。（1）【标题】选项：共定义 6 级标题，从"标题 1"到"标题 6"每级标题的字体依次递减，其两端分别被添加＜h1＞和＜/h1＞……＜h6＞和＜/h6＞标记。（2）【段落】选项：将插入点所在的文字块定义为普通段落，其两端分别被添加＜p＞和＜/p＞标记。（3）【预先格式化的】选项：将插入点所在的段落设置为格式化文本，其两端分别被＜pre＞和＜/pre＞标记。（4）【无】选项：取消对段落的指定。在菜单栏中选择"编辑">"段落格式"命令或右击选中文本，在弹出菜单中，选择"段落格式"命令；在菜单栏中选择"插入">"标题"或"段落"命令，如图 4－23 所示。

无		文本(X)	▶			
✓ 段落		段落格式(F)	▶	无(N)		
标题 1		列表(I)	▶	段落(P)	Ctrl+Shift+P	
标题 2		同步设置(S)	▶	标题 1	Ctrl+1	
标题 3				标题 2	Ctrl+2	
标题 4		快捷键(Y)...		标题 3	Ctrl+3	
标题 5		首选项(P)...	Ctrl+U	标题 4	Ctrl+4	
标题 6				标题 5	Ctrl+5	
预先格式化的				标题 6	Ctrl+6	
				已编排格式(R)		

图 4－22　设置文本段落样式

- 【粗体】按钮 **B**：加粗显示文本。选择"编辑">"文本">"粗体"命令或按快捷键"Ctrl＋B"或右击选中文本，在弹出菜单中，选择"样式">"粗体"命令。

- 【斜体】按钮 **I**：斜体显示文本。选择"编辑">"文本">"斜体"命令或按快捷键"Ctrl＋I"或右击选中文本，在弹出菜单中，选择"样式">"斜体"命令。

- 【无序列表】按钮：设置段落的项目符号。选择"编辑">"列表">"无序列表"命令或右击选中文本，在弹出菜单中，选择"列表">"无序列表"命令。

- 【有序列表】按钮：设置段落的编号。选择"编辑">"列表">"有序列表"命令或

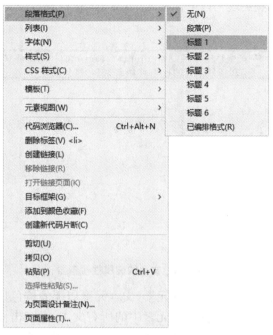

图 4-23　设置文本段落样式

右击选中文本,在弹出菜单中,选择"列表">"有序列表"命令。

- 【删除内缩区块】<u>土</u>:向左缩进。选择"编辑">"文本">"凸出"命令或按快捷键 "Ctrl+Alt+]"或右击选中文本,在弹出菜单中,选择"列表">"凸出"命令。

- 【内缩区块】<u>土</u>:向右缩进。选择"编辑">"文本">"缩进"命令或按快捷键"Ctrl+ Alt+["或右击选中文本,在弹出菜单中,选择"列表">"缩进"命令。

- 【文档标题】:指定在文档窗口和大多数浏览器窗口的标题栏中出现的页面标题。

- 【ID】:定义当前选择的文本所属标签的 ID 名称,从而通过脚本或 CSS 样式表对其进 行调用,添加行为或定义样式。

- 【类】:在该下拉列表中可以选择应用已经定义好的 CSS 样式,或者进行"重命名"和 "附加样式表"的操作。

- 【链接】:在文本框中直接输入 URL 地址,或通过单击"浏览"按钮 <u>□</u>,在弹出对话框 中选择链接的文档,或按住"指向文件"按钮 <u>⊕</u> 不松开,拖曳至【文件】面板中相应的 文件再松开鼠标左键,即可创建文本链接。

- 【目标】:当选择的文本为超链接时,定义将链接的文档的打开方式,包括_blank(在新 窗口中打开)、_self(在当前窗口中打开)、_parent(在父框架集或窗口中打开)、_top (在主窗口中打开)。

- 【标题】:当选择的文本为超链接时,定义当鼠标滑过该段文本时显示的工具提示信息。

2. 文本的快速属性检查器

在【实时】视图中,单击文本元素(h1-h6、p 和 pre)的"编辑 HTML 属性"图标 <u>≡</u>,会出 现文本的快速属性检查器,如图 4-24 所示,可以添加、编辑或删除文本元素的 HTML 属性，如快速格式化（将标签更改为以下标签之一：h1-h6、p 和 pre，设置粗体、斜体）、缩进和超链接文本。

图 4 - 24　文本快速属性检查器

可以在"【实时】视图"直接编辑文本元素，文本元素周围的橙色边框表示更改为编辑模式，单击位置即是插入点，若要选择文本元素中的所有文本，可三击该文本元素。选择文本元素中某个词，出现快速属性检查器，可以设置粗体、斜体、超链接文本，如图 4 - 25 所示。

图 4 - 25　快速设置粗体、斜体、超链接文本

3. CSS 属性

选中需设置属性的文本，在【属性】面板中，选择"CSS"选项，如图 4 - 26 所示。

图 4 - 26　"CSS"选项

- 【字体】：设置选中文本的字体。三个下拉列表分别用于设置字体、字体样式和字体粗细。字体默认设置为"默认字体"，即网页浏览时，文字将显示为浏览器默认的字体。Dreamweaver CC 预设的可供用户选择的字体组合有 10 种，如图 4 - 27 所示。如果用户需要使用这 10 种字体以外的字体，则选择第一个下拉列表中的"管理字体"选项。打开"管理字体"对话框，可添加 Adobe 免费提供的字体、本地计算机上的字体、现有字体，如图 4 - 30 所示。或右击选中文本，在弹出菜单中，选择"字体">"编辑字体列表"命令。字体样式有 4 种，normal（正常）、italic（斜体）、oblique（倾斜）、inherit（继承上级元素），如图 4 - 28 所示。字体粗细包括 normal（正常）、bold（粗体）、bolder（特粗体）、lighter（细体）、数值 100～900、inherit（继承上级元素），如图 4 - 29 所示。

图 4‑27　设置字体　　　　　　　　　　图 4‑28　设置　　图 4‑29　设置

字体样式　　　　字体粗细

图 4‑30　"管理字体"对话框

- 【大小】:设置选中文本的字体大小。
- 【文本颜色】:单击"文本颜色"图标 ，在弹出的"调色板"中选择准备应用的字体颜色,即可完成设置字体颜色的操作。
- 【文本对齐方式】:从左到右分别为左对齐、居中对齐、右对齐、两端对齐。

4.4　插入特殊文本对象

在 Dreamweaver CC 中,可以根据实际工作需求插入特殊文本对象,常见的特殊文本对象包括特殊字符、水平线、注释以及日期等。

4.4.1　插入特殊字符

特殊字符包括版权、注册商标、商标、英镑符号、日元符号、欧元符号、左引号、右引号、破折线和短破折线等。

方法一:将光标定位在需要插入特殊字符的位置,在菜单栏中选择"插入">"HTML">

"字符"命令,在弹出菜单中选择需要的特殊字符,如图 4-31 所示。选择"其他字符..."命令,可打开"插入其他字符"对话框,有更多其他特殊字符可供使用,如图 4-32 示。

方法二:选择【插入】面板的 HTML 选项卡,单击"字符":其他字符展开式工具按钮,选择需要的特殊字符,如图 4-33 所示。

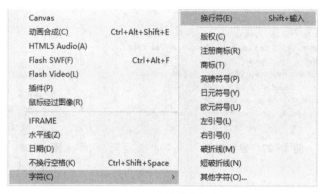

图 4-31 "字符"命令

图 4-32 "插入其他字符"对话框

图 4-33 "字符"展开式工具按钮

4.4.2 插入换行符

在 Dreamweaver CC 中换行有两种:第一种是插入段落,对应的代码是<p>标签,两个段落之间将会留出一条空白行。第二种是插入换行符,即所谓的软回车,对应的标签是
,这种换行后输入的文字和换行前的文字被视为同一段落,分行的文本之间不会留出空白行,如图 4-34 所示。

1. 插入段落

方法一:在【设计】视图中直接回车(Enter)。

方法二:选择【插入】面板的 HTML 选项卡,单击"段落"按钮 P 。

方法三：在菜单栏中选择"插入">"HTML">"段落"命令。

2. 插入换行符

方法一：在【设计】视图中按快捷键"Shift+Enter"。

方法二：选择【插入】面板的 HTML 选项卡，单击"字符"：展开式工具按钮，选择"换行符"按钮，如图 4-33 所示。

方法三：在菜单栏中选择"插入">"HTML">"字符">"换行符"命令，如图 4-31 所示。

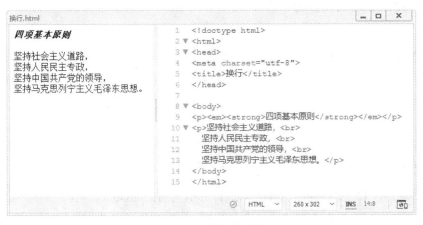

图 4-34　插入换行符

小贴士：

　　有些 HTML 代码在浏览器中不可见，可在菜单栏中选择"编辑">"首选项"命令（或按快捷键"Ctrl+U"），打开"首选项"对话框，在"分类"列表中选择"不可见元素"选项卡，勾选想要显示的不可见元素，如换行符等，单击"应用"按钮。

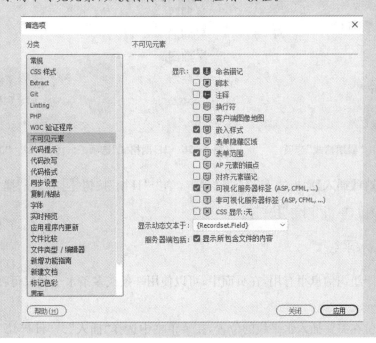

4.4.3 插入连续空格

Dreamweaver CC 只允许字符之间有一个空格;若要在文档中添加其他空格,必须插入不换行空格,也可以设置一个在文档中自动添加不换行空格的首选参数。

1. 插入不换行空格

方法一:选择【插入】面板的 HTML 选项卡,单击"不换行空格"按钮  。

方法二:在菜单栏中选择"插入">"HTML">"不换行空格"命令。

2. 设置添加不换行空格的首选项

在菜单栏中选择"编辑">"首选项"命令,打开"首选项"对话框,在"分类"列表中选择"常规"选项卡,勾选"允许多个连续的空格",单击"应用"按钮,此时用户可以在【设计】视图中连续按空格键来输入多个空格。

4.4.4 插入日期

Dreamweaver CC 支持为网页插入本地计算机当前的时间和日期。

方法一:将光标定位在需要插入日期的位置,在菜单栏中选择"插入">"HTML">"日期"命令,打开"插入日期"对话框,在"星期格式""日期格式""时间格式"选项中进行相应设置,单击"确定"按钮,如图 4-35、图 4-36、图 4-37 所示。勾选了"储存时自动更新"选项,则每次保存文件时都自动更新该日期。

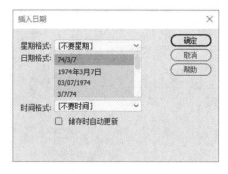

图 4-35 "星期格式"选项

图 4-36 "日期格式"选项   **图 4-37 "时间格式"选项**

方法二:选择【插入】面板的 HTML 选项卡,单击"日期"按钮 ,打开"插入日期"对话框,进行相应设置,单击"确定"按钮。

4.4.5 插入水平线

水平线对于组织信息很有用,在页面中,可以使用一条或多条水平线以可视方式分隔文本和对象。

将光标定位在需要插入水平线的位置,在菜单栏中选择"插入">"HTML">"水平线"

命令(或选择【插入】面板的 HTML 选项卡,单击"水平线"按钮■),在【设计】视图中选中水平线,可以在【属性】面板中对该水平线的属性进行相应设置,如图 4 – 38 所示。

图 4 – 38　水平线的【属性】面板

- 【水平线】:水平线文字下方文本框用于设置所选水平线的 ID 名称。
- 【宽】/【高】:设置所选水平线的宽度/高度,右侧下拉列表可以选择单位,共有"％"和"像素"两个选项。
- 【对齐】:设置所选水平线的对齐方式,共有"默认""左对齐""居中对齐"和"右对齐"4个选项。
- 【阴影】:为所选水平线添加阴影效果,默认为选中状态。
- 【Class】:在该下拉列表中可以选择应用已经定义好的 CSS 样式应用于所选水平线。

4.5　项目列表和编号列表

在网页设计中,如果遇到需要按条例平铺的并列关系的文本,可以选择使用项目列表或者编号列表以突出显示。列表是网页中常见的一种文本排列方式,以下将介绍如何创建列表以及设置列表样式。

4.5.1　创建列表

方法一:将光标定位在需要添加列表的位置,在菜单栏中选择"插入">"HTML">"无序列表"或"有序列表"命令。

方法二:选择【插入】面板的 HTML 选项卡,单击"无序列表"按钮 **ul** 或"有序列表"按钮 **ol**。

方法三:在【属性】面板中,选择"HTML"选项,单击"无序列表"按钮 ■ 或"有序列表"按钮 ■。

完成以上任意一个操作,文档窗口中将显示指定列表项的前导字符,键入列表项目文本,然后按回车键(Enter)创建其他列表项目,若要完成列表,需按两次回车键(Enter),如图4 – 39 所示。

方法四:使用现有文本创建列表,选择段落文本,在菜单栏中选择"插入">"HTML">"无序列表"或"列表项目"命令。

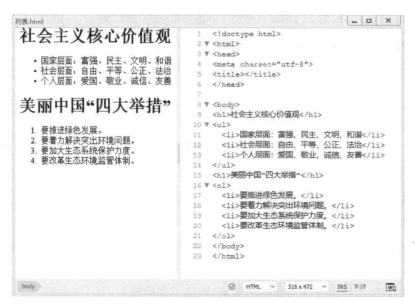

图 4 - 39　创建无序/有序列表

4.5.2　修改列表属性

将光标定位在列表项目的文本中,通过以下三种方法均可打开"列表属性"对话框,如图 4 - 40 所示:(1) 单击鼠标右键,在弹出菜单中选择"列表">"属性"命令;(2) 在【属性】面板中,选择"HTML"选项,单击"列表项目"按钮;(3) 在菜单栏中选择"编辑">"列表">"属性"命令。

- 【列表类型】:包含项目、编号、目录或菜单列表。
- 【样式】:项目列表的样式如图 4 - 41 所示,编号列表的样式如图 4 - 42 所示。

图 4 - 40　"列表属性"对话框

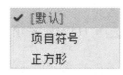

图 4 - 41　项目列表样式

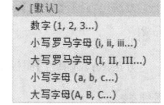

图 4 - 42　编号列表样式

- 【开始计数】:设置编号列表中第一个项目的值。
- 【新建样式】:为所选列表项目指定样式。"新建样式"菜单中的样式与"列表类型"菜单中显示的列表类型相关。
- 【重设计数】:设置用来从其开始为列表项目编号的特定数字。

4.5.3　创建嵌套列表

图 4-43　嵌套列表最终效果

1. 打开素材文件,效果如图 4-44 所示,选择所有文本,在【属性】面板中,选择"HT-ML"选项,单击"有序列表"按钮。

2. 选择要嵌套的列表项目。右键单击并选择"列表">"缩进"命令(或按快捷键 Tab),如图 4-45 所示,此时,将缩进文本并创建一个单独的列表,该列表具有原始列表的 HTML 属性,如图 4-46 所示。

图 4-44　素材文件

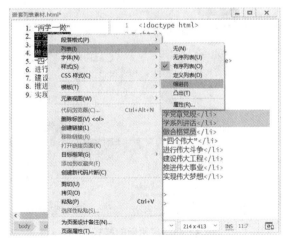

图 4-45　"缩进"命令

3. 应用新的列表类型。选中缩进的文本,右键单击并选择"列表">"无序列表"命令,如图 4-47 所示。

图 4-46　嵌套列表

图 4-47　应用新的列表类型

4. 应用新的样式。选中需变更样式的文本,右键单击并选择"列表">"属性"命令,打开"列表属性"对话框,在"样式"下拉列表中选择"小写字母",单击"确定"按钮,如图 4-48 所示。如需跟同级别列表样式不同,则选中该文本,在菜单栏中选择"编辑">"列表">"属性"命令,打开"列表属性"对话框,在"新建样式"下拉列表中选择"正方形",单击"确定"按钮,如图 4-49 所示。最终效果如图 4-43 所示。

图 4-48　应用新的样式

图 4-49　同级别列表设置不同的列表样式

4.6　辅助工具

在 Dreamweaver CC 中,用户可以使用辅助工具更加容易地制作出精美的网页。

4.6.1　标尺

标尺显示在页面的左边框和上边框中,可帮助测量、组织和规划布局。

1. 显示或隐藏标尺

在菜单栏中选择"查看">"设计视图选项">"标尺">"显示"命令(或按快捷键"Alt＋F11"),如图 4-50 所示。

若需隐藏标尺则取消勾选"显示"即可(或右键单击水平标尺或垂直标尺,选择"隐藏尺标"命令,如所图 4-52 所示)。

2. 更改标尺原点

若要更改原点,将标尺原点图标 (在文档窗口的【设计】视图左上角)拖到页面上的任意位置,如图 4-51 所示。若要将原点重设到它的默认位置,在菜单栏中选择"查看">"设计视图选项">"标尺">"重设原点"命令(或双击标尺原点图标)。

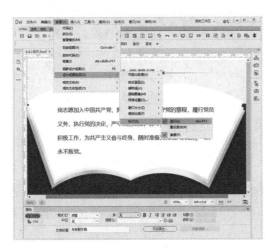

图 4-50　"显示"命令　　　　　　　　　图 4-51　更改标尺原点

3. 更改标尺计量单位

右键单击水平标尺或垂直标尺,选择"英寸""厘米"或"像素",如图 4-52 所示。

图 4-52　"隐藏标尺"命令

4.6.2 辅助线

辅助线有助于更加准确地放置和对齐对象,还可以使用辅助线来测量页面元素的大小,或者模拟 Web 浏览器的重叠部分(可见区域)。

1. 创建或删除辅助线

创建辅助线:从水平标尺或垂直标尺拖曳鼠标,在文档窗口中需要放置辅助线的位置松开鼠标。如需重新定位辅助线,则再次拖动辅助线即可。默认情况下,以绝对像素度量值来记录辅助线与文档顶部或左侧的距离,并相对于标尺原点显示辅助线,如图 4-53 所示。若要以百分比形式记录辅助线,可在创建或移动辅助线时按住 Shift,如图 4-54 所示。

图 4-53 以绝对像素度量值记录辅助线

图 4-54 以百分比形式记录辅助线

删除辅助线:将辅助线拖离文档窗口。或在菜单栏中选择"查看">"设计视图选项">"辅助线">"清除辅助线"命令。

2. 锁定或解锁辅助线

锁定辅助线,以防止不小心移动它们。在菜单栏中选择"查看">"设计视图选项">"辅助线">"锁定辅助线"命令(或按快捷键"Ctrl+Alt+;")。若需解锁辅助线则取消勾选"锁定辅助线"即可。

3. 移动辅助线

(1)精确移动:将鼠标指针停留在辅助线上以查看其位置,双击该辅助线,打开"移动辅助线"对话框,输入新的位置,然后单击"确定"按钮,如图 4-55 所示。

图 4-55 "移动辅助线"对话框

（2）直接拖动辅助线至新的位置。

4．靠齐辅助线

若要将元素靠齐辅助线，在菜单栏中选择"查看">"设计视图选项">"辅助线">"靠齐辅助线"命令。若要将辅助线靠齐元素，在菜单栏中选择"查看">"设计视图选项">"辅助线">"辅助线靠齐元素"命令。

5．查看辅助线之间的距离

按下 Ctrl 键并将鼠标指针保持在两条辅助线之间的任何位置（计量单位与用于标尺的计量单位相同），如图 4-56 所示。

6．更改辅助线设置

在菜单栏中选择"查看">"设计视图选项">"辅助线">"编辑辅助线"命令，打开"辅助线"对话框，可以对辅助线的一些属性进行设置，如图 4-57 所示。

图 4-56　查看辅助线之间的距离　　　　图 4-57　"辅助线"对话框

- 【辅助线颜色】：设置辅助线的颜色。
- 【距离颜色】：设置当将鼠标指针保持在辅助线之间时，作为距离指示器出现的线条的颜色。
- 【显示辅助线】：使辅助线显示在【设计】视图中。
- 【靠齐辅助线】：使页面元素在页面中移动时靠齐辅助线。
- 【锁定辅助线】：将辅助线锁定在适当位置。
- 【辅助线靠齐元素】：拖动辅助线时将辅助线靠齐页面上的元素。
- 【清除全部】：从页面中清除所有辅助线。

4.6.3　网格

网格在文档窗口中显示一系列的水平线和垂直线，可以精确地放置对象。

1．显示或隐藏网格

在菜单栏中选择"查看">"设计视图选项">"网格设置…">"显示网格"命令（或按快

捷键"Ctrl＋Alt＋G"），如图 4－58 所示。若需隐藏网格则取消勾选"显示网格"即可。

2．靠齐到网格

在菜单栏中选择"查看"＞"设计视图选项"＞"网格设置…"＞"靠齐到网格"命令（或按快捷键"Ctrl＋Alt＋Shift＋G"）。无论网格是否可见，都可以让经过绝对定位的页元素在移动时自动靠齐网格，如图 4－58 所示。

3．更改网格设置

在菜单栏中选择"查看"＞"设计视图选项"＞"网格设置…"＞"网格设置…"命令，打开"网格设置"对话框，设置选项，然后单击"确定"应用更改，如图 4－59 所示。

- 【颜色】：设置网格线的颜色。
- 【显示网格】：使网格显示在【设计】视图中。
- 【靠齐到网格】：使页面元素靠齐到网格线。
- 【间距】：控制网格线的间距。输入一个数字并从菜单中选择"像素""英寸"或"厘米"。
- 【显示】：设置网格线是显示为线条还是显示为点。

图 4－58　"显示网格"命令

图 4－59　"网格设置"对话框

4.7　设置网页头信息

在 Dreamweaver CC 中，文档头部包含许多不可见的信息，如 META、关键字、标题、说明、刷新、基础和链接等。

4.7.1　设置 META

＜meta＞标签可以记录当前页面的相关信息（例如字符编码、作者、版权信息或关键字）和用来向服务器提供信息（例如页面的失效日期、刷新间隔和 POWDER 等级）。

在菜单栏中选择"插入"＞"HTML"＞"Meta"命令（或选择【插入】面板的 HTML 选项卡，单击"META"按钮 ），打开"META"对话框，设置相应属性，如图 4－60 所示。

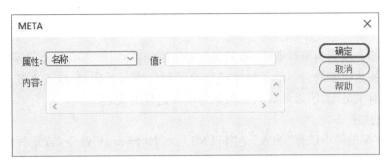

图 4 - 60　"META"对话框

- 【属性】:下拉列表中包含描述性信息(名称:name)和 HTTP 标头信息(HTTP-equivalent)两个选项。
- 【值】:在文本框中输入属性 name 和属性 HTTP-equivalent 的值。
- 【内容】:指定实际的信息。

小贴士:

1. name 属性

(1) 值为 Robots,用来告诉搜索机器人哪些页面需要索引,哪些页面不需要索引。内容文本框中可以设置如下参数:all(默认值,文件将被检索,且页面上的链接可以被查询),none(文件将不被检索,且页面上的链接不可以被查询),index(文件将被检索),noindex(文件将不被检索,但页面上的链接可以被查询),follow(页面上的链接可以被查询),no-follow(文件将被检索,但页面上的链接不可以被查询)。

(2) 值为 Author,内容文本框中输入网页的作者。

(3) 值为 Copyright,内容文本框中输入网站版权信息。

(4) 值为 Generator,内容文本框中输入所用的网页制作软件。

(5) 值为 Keywords,内容文本框中输入文档关键词,用于搜索引擎。

(6) 值为 Description,内容文本框中输入页面的描述。

(7) 值为 Revised,内容文本框中输入页面的最新版本信息。

2. HTTP-equivalent 属性

(1) 值为 Expires,内容文本框中输入网页的到期时间,必须使用 GMT 的时间格式。一旦网页过期,必须到服务器上重新传输。

(2) 值为 Pragma,内容文本框中输入 no-cache,则禁止浏览器从本地计算机的缓存中访问页面内容,即访问者将无法脱机浏览。

(3) 值为 Set-Cookie,内容文本框中输入网页 Cookie 过期时间,必须使用 GMT 的时间格式。

(4) 值为 Refresh,内容文本框中输入在浏览器刷新页面之前需要等待的时间(以秒为单位)。

(5) 值为 Window-target,内容文本框中输入_top,强制页面在当前窗口以独立页面显示,用来防止其他用户在框架里调用该页面。

4.7.2 设置关键字

关键字是指在搜索引擎行业中，希望访问者了解的产品、服务或者公司等内容名称的用语。因为有些搜索引擎对索引的关键字或字符的数目进行了限制，或者在超过限制的数目时它将忽略所有关键字，所以最好只使用几个精心选择的关键字。

1. 添加关键字

方法一：在菜单栏中选择"插入">"HTML">"Keywords"命令（或选择【插入】面板的HTML选项卡，单击"Keywords"按钮 ☞ ），打开"Keywords"对话框，输入关键字，不同关键字之间用逗号隔开，如图 4-61 所示。

方法二：在菜单栏中选择"插入">"HTML">"Meta"命令（或选择【插入】面板的 HT-ML 选项卡，单击"META"按钮 ），打开"META"对话框，"属性"下拉列表中选择"名称"，"值"文本框中输入"Keywords"，"内容"文本框中输入关键字，如图 4-62 所示。

图 4-61 "Keywords"对话框　　　　**图 4-62 使用"META"对话框输入关键字**

2. 编辑关键字

方法一：直接在【代码】视图中编辑关键字。

方法二：在【DOM】面板中选择关键字的<meta>标签，然后在属性检查器中查看、修改或删除关键字，如图 4-63 所示。

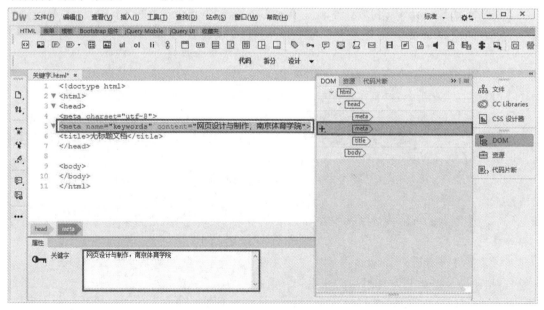

图 4-63 使用【DOM】面板编辑关键字

4.7.3　设置标题

标题显示在浏览器的标题栏,将网页加入收藏夹时,网页标题会作为网页的名字出现在收藏夹中。

方法一:新建文档时,在"新建文档"对话框中的标题文本框内输入标题。

方法二:在【DOM】面板中选择标题<title>标签,然后在属性检查器中输入或修改标题,如图 4-64 所示。

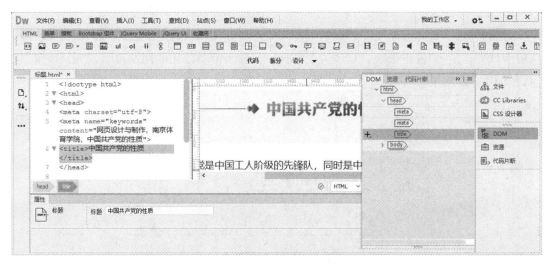

图 4-64　使用【DOM】面板设置标题

方法三:在菜单栏中选择"文件">"页面属性"命令(或单击【属性】面板上的"页面属性"按钮),打开"页面属性"对话框,在"分类"列表中选择"标题/编码"选项卡,在标题文本框中输入或修改标题。

方法四:在【属性】面板中的"文档标题"文本框中输入或修改标题,如图 4-65 所示。

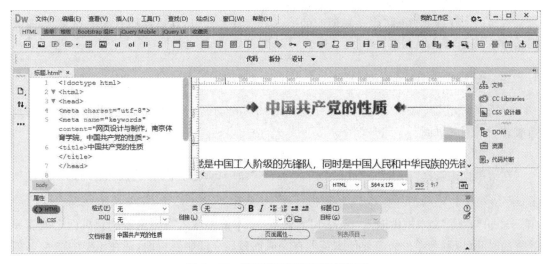

图 4-65　使用【属性】面板设置标题

方法五:直接在【代码】视图中的<title>与</title>之间输入或修改标题,默认标题为"无标题文档"。

4.7.4　设置说明

说明是用于读取<meta>标签的信息,使用该信息将页面编入索引数据库中,而有些还在搜索结果页面中显示该信息。但某些搜索引擎限制其编制索引的字符数,因此最好将说明限制为少量几个字。

1. 添加说明

方法一:菜单栏中选择"插入">"HTML">"说明"命令(或选择【插入】面板的 HTML 选项卡,单击"说明"按钮 □),打开"说明"对话框,输入准备使用的网站说明,单击"确定"按钮,如图 4-66 所示。

图 4-66　"说明"命令

方法二:在菜单栏中选择"插入">"HTML">"Meta"命令(或选择【插入】面板的HTML 选项卡,单击"META"按钮 ◇),打开"META"对话框,"属性"下拉列表中选择"名称","值"文本框中输入"Description","内容"文本框中输入说明。

2. 编辑说明

方法一:直接在【代码】视图中编辑说明。

方法二:在【DOM】面板中选择说明的<meta>标签,然后在属性检查器中查看、修改或删除说明,如图 4-67 所示。

4.7.5　设置页面的刷新

使用刷新元素可以指定浏览器在一定的时间后自动刷新页面,方法是重新加载当前页面或转到不同的页面。

1. 设置刷新时间

在菜单栏中选择"插入">"HTML">"Meta"命令(或选择【插入】面板的 HTML 选项卡,单击"META"按钮 ◇),打开"META"对话框,"属性"下拉列表中选择"HTTP-equivalent","值"文本框中输入"refresh","内容"文本框中输入在浏览器刷新页面之前需要等待的时间(以秒为单位),若要使浏览器在完成加载后立即刷新页面,请在该框中输入 0,如图 4-68 所示。

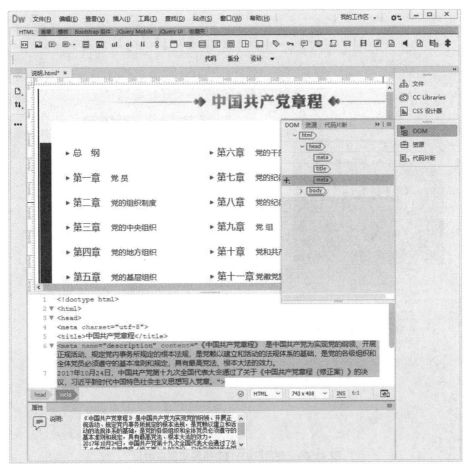

图 4‐67　使用【DOM】面板编辑说明

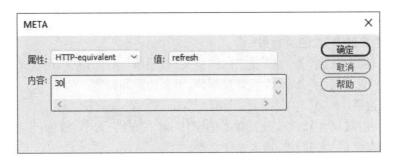

图 4‐68　使用"META"对话框设置刷新时间

2. 修改刷新时间

方法一：直接在【代码】视图中编辑刷新时间。

方法二：在【DOM】面板中选择刷新时间的＜meta＞标签，然后在属性检查器中查看、修改或删除刷新时间，如图 4‐69 所示。

图 4-69　使用【DOM】面板编辑刷新时间

课后习题

1. 制作"全民健身"欢迎页背景

知识要点：使用"新建"命令，新建空白网页文档；使用"保存"命令，设置文档名称并保存网页文档；使用"页面属性"命令，设置背景图片、页面边距和标题。

2. 制作欢迎语

知识要点：使用【属性】面板，设置文本的字体、对齐方式、大小、颜色；使用"字符"命令，插入特殊字符；使用【插入】面板，插入连续空格。

第4章习题详解

第5章　网页多媒体元素分类与应用

图文并茂的网页能为网站增色不少,用图像美化网页会使网页变得更加美观、生动,能起到画龙点睛的作用,吸引更多的浏览者。多媒体元素是一种重要的网页元素,在网页中使用音频、视频、Flash 对象等多媒体元素不仅可以丰富页面效果,还可以使页面更加生动形象。本章主要讲解网页中常用的图像类型、插入与设置图像、插入其他图像元素、多媒体元素在网页中的应用及相关属性的设置。通过本章的学习,可以掌握使用图像、音视频丰富网页内容方面的知识,为深入学习 Dreamweaver 网页设计与制作奠定基础。

知识要点	学习难度
了解常用的图像格式	★
掌握在网页中使用各种图像	★★★
了解常用的音视频格式	★
掌握在网页中插入音频	★★★
掌握在网页中插入视频	★★★

5.1　网页常用的图像格式

网页中使用的图像可以是 GIF、JPEG、BMP、TIFF、PNG 等格式的图像文件,目前使用最广泛的主要是 JPG、PNG 和 GIF 这 3 种格式,如图 5-1 所示。

图像1.jpg　　　　图像2.png　　　　图像3.gif

图 5-1　图像类型

(图片来源:图像 1 网址　https://baijiahao.baidu.com/s? id=1664382433419934778&wfr=spider&for=pc

图像 2 网址　https://ara.yidaiyilu.gov.cn/ydylbkspay.htm

图像 3 网址　http://ydyl.cacem.com.cn/content/details_45_1422.html)

5.1.1　GIF 格式图像

GIF(Graphics Interchange Format)的原意是"图像互换格式",是 CompuServe 公司开发的与设备无关的图像存储标准,也是 Web 上应用最早、最广泛的图像格式,文件后缀名为".gif"。GIF 格式具有如下特点:

1. 跨平台能力

GIF 格式在一开始就被赋予跨平台传送的能力,这正符合 Internet 经常须跨越平台显示的要求。

2. 压缩的能力

为了让 GIF 格式文件能够快速传送,GIF 格式须具有减少显示色彩数目而极大压缩文件的能力。压缩不是降低图像的品质,而是减少显示色彩数目。它最多可以显示 256 种颜色,因此是一种无损压缩。

3. 图像背景透明

GIF 格式有支持背景透明的功能,这便于图片更好地融合到其他颜色的背景中。

4. 交错显示

所谓交错显示,就是当你浏览网页时,网页中的图像可先以马赛克的形式显示出来,再慢慢地显示清楚。它的好处是浏览者可较早地知道图像的大致模样,以决定是否继续下载并显示。

5. 动画

这是 GIF 格式很有用的一个特点,它可将多张静止图像转换为一个动画图像存储起来。这在当今的网站中应用得很广泛,如用于链接的小尺寸图标。

GIF 文件的数据,是一种基于 LZW 算法的连续色调的无损压缩格式。其压缩率一般在 50% 左右,它不属于任何应用程序。目前几乎所有相关软件都支持它,公共领域有大量的软件在使用 GIF 图像文件。GIF 图像文件的数据是经过压缩的,而且是采用了可变长度等压缩算法。

GIF 分为静态 GIF 和动画 GIF 两种,是一种压缩位图格式,适用于多种操作系统,"体型"很小,网上很多小动画都是 GIF 格式,最适合显示色调不连续或有大面积单一颜色的图像,如导航条、按钮、图标等。

5.1.2　JPEG 格式图像

JPEG(Joint Photographic Experts Group)格式是目前互联网中最受欢迎的图像格式,此类文件的一般扩展名有".jpeg"或".jpg"。JPEG 格式可支持多达 1 670 万种颜色,能展现十分丰富生动的图像。

与 GIF 格式一样,它也具有跨平台与压缩文件的能力。而与 GIF 格式不同的是,JPEG 格式的压缩是一种有损压缩,即在压缩的过程中,图像的某些细节会被忽略,因此,图像将有可能变得模糊,但一般的浏览是看不出来的。JPEG 是一种很灵活的格式,具有调节图像质量的功能,允许用不同的压缩比例对这种文件进行压缩,可以在图像质量和文件尺寸之间找到平衡点。另外,它不支持背景透明和交错显示功能。

JPG/JPEG 图像支持 24 位真彩色,普遍用于显示摄影图片和其他连续色调图像的高级格式。若对图像颜色要求较高,应采用这种类型的图像。目前各类浏览器均支持 JPEG 这种图像格式,因为 JPEG 格式的文件尺寸较小,下载速度快。

5.1.3　PNG 格式图像

PNG(Portable Network Graphic Format)是一种采用无损压缩算法的位图格式,文件

扩展名是". PNG"。其设计目的是试图替代 GIF 和 TIFF 文件格式,同时增加一些 GIF 文件格式所不具备的特性。PNG 使用从 IZ77 派生的无损数据压缩算法,可保留所有原始层、矢量、颜色和效果信息(如阴影),并且在任何时候所有元素都是完全可编辑的。因此它同时具备了 GIF 和 JPEG 的优点,具有高保真性、透明性及文件大小较小等特性。与 GIF 相比,它可以把文件压缩得更小,也可以利用 Alpha 通道保存部分图像,还支持 24 位真彩色;与 JPEG 相比,它可以保持图像的透明性,使图像具有非同一般的显示效果。但是目前不同浏览器对 PNG 的支持不一致,较旧的浏览器和程序可能不支持 PNG 文件。

　　PNG 格式有 8 位、24 位、32 位 3 种形式,其中 8 位 PNG 支持 2 种不同的透明形式(索引透明和 Alpha 透明),24 位 PNG 不支持透明,32 位 PNG 在 24 位基础上增加了 8 位透明通道,因此可展现 256 级透明程度。

5.2　插入与设置图像

　　在网页文档中合理、有序地插入图像会使网页更加漂亮和丰富多彩,能更好地表现网站的主题,使页面更有吸引力。

5.2.1　插入图像

　　将光标定在需要插入图片的位置,选择"插入">"图像"(Image)命令,如图 5-2 所示(或选择【插入】面板的 HTML 选项卡,单击"图像"按钮),打开"选择图像源文件"对话框,找到图像保存的位置,选择图像,单击"确定"按钮,如图 5-3 所示。返回主界面,可以看到已经插入的图像。保存文档,按 F12 键预览效果,如图 5-4 所示。

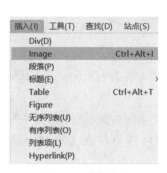

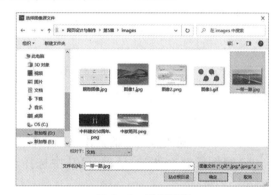

图 5-2　选择命令　　　　　　　　图 5-3　选择图像

(图片来源:图像 1 网址　https://baijiahao. baidu. com/s? id=1664382433419934778&wfr=spider&for=pc

　　　　　图像 2 网址　https://ara. yidaiyilu. gov. cn/ydylbkspay. htm

　　　　　图像 3 网址　http://ydyl. cacem. com. cn/content/details_45_1422. html

　　　　　一带一路网址　https://www. 163. com/dy/article/HB3F4AOD0514R9M0. html

　　　　　中科建交 50 周年新华网网址　http://www. xinhuanet. com/photo/2021-03/23/c_1127242853. htm

　　　　　中欧班列网址　https://www. 163. com/dy/article/HB3F4AOD0514R9M0. html)

图5-4 插入图像网页效果

(图片来源:网址 https://www.163.com/dy/article/HB3F4AOD0514R9M0.html)

5.2.2 设置图像属性

在页面中插入图像后单击选定图像,此时图像的周围会出现边框,表示图像正处于选中状态,可以在【属性】面板中设置该图像的属性,如图5-5所示。

图5-5 图像的【属性】面板

- 【ID】:用于定义图像的名称,主要是为了在脚本语言(如 JavaScript 或 VBScript)中便于引用图像而设置的。
- 【Src】:显示当前图像文件的具体路径。单击"Src"文本框右侧的"浏览文件"按钮,弹出"选择图像源文件"对话框,可从中选择图像文件;或直接在文本框中输入图像路径。
- 【链接】:用于指定图像的链接文件。可以拖动"指向文件"按钮到【文件】面板中的某个文件创建链接;也可以单击右侧的"浏览文件"按钮,弹出"选择文件"对话框,从中选择链接的文件;或直接在文本框中输入 URL 地址。
- 【目标】:用于指定链接页面在框架或窗口中的打开方式,有_blank、new、_parent、_self、_top 5 种方式。该部分的内容将在第 7 章进行详细讲解。
- 【Class】:在 Class 下拉列表中可以选择应用已经定义好的 CSS 样式,或者进行"重命名"和"附加样式表"的操作。
- 【宽】/【高】:设置在浏览器中显示图像的宽度和高度,以像素或百分比为单位。可以单击选中需要调整的图像,拖动图像的角点到合适的大小尺寸即可更改图像尺寸,改变图像尺寸后【属性】面板如图 5 - 6 所示。

- 【切换尺寸约束】**⌀** : 单击该按钮,可以约束图像缩放的比例,修改图像的宽度时,高度也会进行等比例的修改。
- 【重置为原始大小】**⊘** : 单击该按钮,即可恢复图像原始的尺寸大小。
- 【提交图像大小】**✓** : 单击该按钮,即可弹出提示框,如图 5 - 7 所示,提示是否提交对图像尺寸的修改,单击"确定"按钮,即可确认对图像大小的修改。

图 5 - 6　调整图像大小	图 5 - 7　提交图像大小

小贴士:

　　【属性】面板中的"编辑"按钮,可以根据图像格式的不同来应用相应的编辑软件。选择"编辑">"首选项"命令,打开"首选项"对话框,在"分类"列表框中选择"文件类型/编辑器"选项,在对话框右侧可以设置各图像格式需要应用的编辑软件。

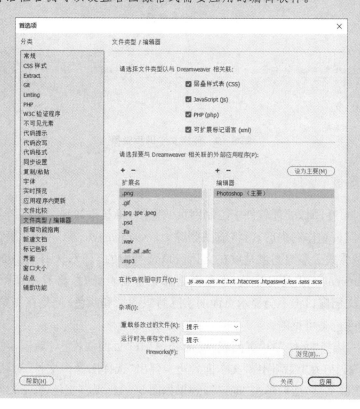

- 【替换】：图像的说明性文字，用于在浏览器不显示图像时替代图像显示的文本。
- 【地图】：用于创建客户端图像的热区，在右侧的文本框中可以输入地图的名称，输入的名称只能包含字母和数字，且必须以字母开头。
- 【图像热点】：从左至右依次是指针热点工具、矩形热点工具、圆形热点工具、多边形热点工具。单击这些按钮可以创建不同形状的图像热点链接。该部分的内容将在第 7 章进行详细讲解。
- 【原始】：用于设置图像下载完成前显示的低质量图像。为了节省浏览者浏览网页的时间，单击旁边的"浏览文件"按钮，即可在弹出的对话框中选择低质量图像。
- 【编辑】：启动图像编辑器中的一组编辑工具对图像进行复杂的编辑。编辑图像文件，包括编辑、设置、从源文件更新、裁剪、重新取样、亮度和对比度、锐化功能。

5.2.3　为图片添加文字说明

当图片不能在浏览器中正常显示时，网页中图片的位置就变成空白区域，为了让浏览者在不能正常显示图片时也能了解图片的信息，常为网页的图像设置"替换"属性，将图片的说明性文字输入"替换"文本框中，如图 5-8 所示。当图片不能正常显示时，网页中的效果如图 5-9 所示。

图 5-8　设置替换文字

图 解读一带一路

图 5-9　替换文字网页效果

5.2.4　跟踪图像

制作网页时可在图像处理软件中绘制网页的蓝图，将其添加到网页的背景中，按设计方案对号入座，等网页制作完毕后，再将蓝图删除。Dreamweaver CC 利用"跟踪图像"来实现这种网页设计的方式。跟踪图像是放在文档窗口背景中的 JPEG、GIF 或 PNG 图像。跟踪图像仅在 Dreamweaver 中是可见的；当在浏览器中查看页面时，将看不到跟踪图像。当跟踪图像可见时，文档窗口将不会显示页面的实际背景图像和颜色；但是在浏览器中查看页面时，背景图像和颜色是可见的。

（1）方法一：选择"文件"＞"页面属性"命令，打开"页面属性"对话框，在"跟踪图像"类别中单击"浏览"按钮（在"跟踪图像"文本框旁边），弹出"选择图像源文件"对话框，如图 5-10 所示。导航到图像文件，然后单击"确定"，效果如图 5-11，保存文档，按 F12 键预览效果，如

图 5-12 所示。在"页面属性"对话框中,拖动"图像透明度"滑块以指定图像的透明度,然后单击"确定",如图 5-13 所示。若要随时切换到另一跟踪图像或更改当前跟踪图像的透明度,选择"文件">"页面属性"命令。

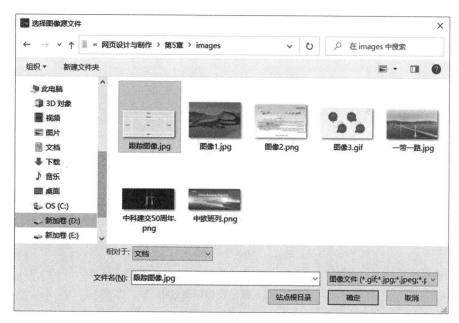

图 5-10　选择图像

(图片来源:图像 1 网址　https://baijiahao.baidu.com/s? id=1664382433199934778&wfr=spider&for=pc

　　　　　图像 2 网址　https://ara.yidaiyilu.gov.cn/ydylbkspay.htm

　　　　　图像 3 网址　http://ydyl.cacem.com.cn/content/details_45_1422.html

　　　　　一带一路网址　https://www.163.com/dy/article/HB3F4AOD0514R9M0.html

　　　　　中科建交 50 周年新华网址　http://www.xinhuanet.com/photo/2021-03/23/c_1127242853.htm

　　　　　中欧班列网址　https://www.163.com/dy/article/HB3F4AOD0514R9M0.html)

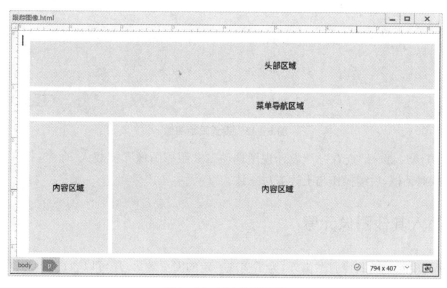

图 5-11　插入跟踪图像

图 5-12　跟踪图像网页效果

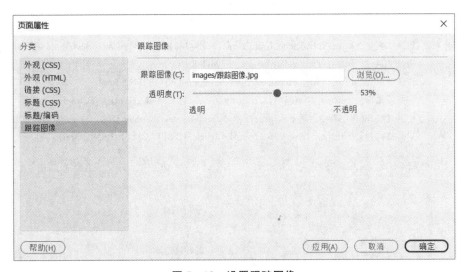

图 5-13　设置跟踪图像

（2）方法二：选择"查看"＞"设计视图选项"＞"跟踪图像"＞"载入"命令，打开"选择图像源文件"对话框，后续操作与上述方法一致。

5.3　插入其他图像元素

在网页中除了插入普通图像外，为了实现一定的网页效果，还可以通过添加其他图像元素达到美化网页的目的,包括插入图像占位符、制作鼠标指针经过图像以及添加背景图像等。

5.3.1　鼠标经过图像

在网页中有一种图像效果是,当鼠标放到该图像上时图像会发生变化,而当鼠标离开该图像时图像又恢复最初的显示效果。这种效果被称为"鼠标经过图像"。在网页制作过程中,这样的效果经常应用到广告、按钮中。"鼠标经过图像"实际上由两个图像组成:原始图像(首次载入页面时显示的图像)和替换图像(当鼠标指针移过原始图像时显示的图像)。

将光标定位在准备制作鼠标指针经过图像的位置,选择"插入">"HTML">"鼠标经过图像"命令(或选择【插入】面板的 HTML 选项卡,单击"鼠标经过图像"按钮 ），弹出"插入鼠标经过图像"对话框。在"图像名称"文本框中,输入准备使用的图像名称。单击"原始图像"区域中的"浏览"按钮,打开"原始图像"对话框,选择图像的存储位置,单击"确定"按钮。返回到"插入鼠标经过图像"对话框,单击"鼠标经过图像"区域中的"浏览"按钮,打开"鼠标经过图像"对话框,选择图像的存储位置,选择鼠标经过图像,单击"确定"按钮,返回到"插入鼠标经过图像"对话框,单击"确定"按钮,如图 5 - 14 所示。

图 5 - 14　插入鼠标经过图像

- 【图像名称】:在该文本框中会默认分配一个名称,也可以自定义图像名称。
- 【原始图像】:在该文本框中可以填入页面被打开时显示的图像路径地址,或者单击该文本框后的"浏览"按钮,选择一个图像文件作为原始图像。
- 【鼠标经过图像】:在该文本框中可以填入鼠标经过图像时显示的图像路径地址,或者单击该文本框后的"浏览"按钮,选择一个图像文件作为鼠标经过图像。
- 【替换文本】:在该文本框中可以输入鼠标经过图像的替换说明性文字内容,同图像的"替换"功能相同。
- 【按下时,前往的 URL】:在该文本框中可以设置单击该鼠标经过图像时转到的链接地址。

返回到 Dreamweaver CC 主界面，网页如图 5-15 所示。保存文档，按 F12 键预览效果，当鼠标移至设置的鼠标经过图像上时，效果如图 5-16 所示。

| 图 5-15　鼠标经过图像网页效果 | 图 5-16　鼠标经过图像网页效果 |

（图片来源：中科建交 50 周年新华网网址　http://www.
xinhuanet. com/photo/2021-03/23/c_1127242853. htm）

小贴士：

注意：用于创建交互式图像的两幅图像大小最好相同。否则交换的图像再显示时会进行压缩或展开以适应原有图像的大小，这样容易造成图像的失真。

5.3.2　添加背景图像

在 Dreamweaver 中，设置网页背景有两种方法：一种是设置背景颜色，另一种是设置背景图像。

背景颜色的设置在【属性】面板中，单击"页面属性"按钮，打开"页面属性"对话框，在"分类"列表框中，选择"外观（CSS）"列表项，单击"背景颜色"或者"背景图像"设置对应背景，如图 5-17 所示。单击"背景图像"旁边的"浏览"按钮，打开"选择图像源文件"对话框，选择图

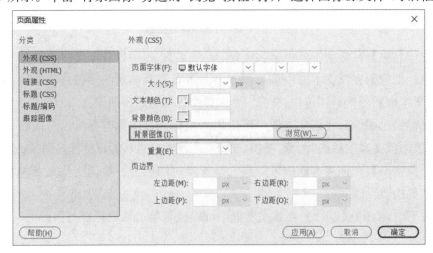

图 5-17　设置背景图像

像文件存储位置,选择准备添加的背景图像,单击"确定"按钮。返回到"页面属性"对话框,单击"确定"按钮。返回网页,可以添加文字内容,如"丝绸之路背景图",如图 5-18 所示。保存文档,按 F12 键预览效果,如图 5-19 所示。

图 5-18　插入背景图像　　　　　　　图 5-19　背景图像网页效果

(图片来源:中国一带一路网官网　https://ara.yidaiyilu.gov.cn/ydylbkspay.htm)

5.4　常用的音频、视频格式

5.4.1　常用的音频格式

在网页中经常使用的音频格式为 wav、mp3、aif、midi、ra、ram、rpm 等。

1. WAV 格式

WAV 是微软公司开发的一种声音文件格式,它符合 RIFF(Resource Interchange File Format)文件规范,用于保存 Windows 平台的音频信息资源,许多浏览器都支持此类格式文件并且不需要插件。该格式记录声音的波形,故只要采样率高、采样字节长、机器速度快,利用该格式记录的声音文件能够和原声基本一致,质量非常高,但这样做的代价是文件太大。

2. MP3 格式

MP3 格式诞生于 20 世纪 80 年代的德国,所谓的 MP3 指的是 MPEG 标准中的音频部分,也就是 MPEG 音频层。根据压缩质量和编码处理的不同分为 3 层,分别对应"∗.mp1""∗.mp2""∗.mp3"这 3 种声音文件。MPEG 音频文件的压缩是一种有损压缩,MPEG3 音频编码具有 10∶1～12∶1 的高压缩率,同时基本保持低音频部分不失真,但是牺牲了声音文件中 12 kHz～16 kHz 这部分高音频的质量来换取文件的尺寸,相同长度的音乐文件,用 ∗.mp3 格式来储存,一般只有 ∗.wav 文件的 1/10,而音质要次于 CD 格式或 WAV 格式的声音文件。MP3 技术可以对文件进行"流式处理",以便访问者不必等待整个文件下载完成即可收听该文件。若要播放 MP3 文件,访问者必须下载并安装辅助应用程序或插件,例如 QuickTime、Windows Media Player 或 RealPlayer。

3. AIF 格式

AIF/AIFF 是音频交换文件格式（Audio Interchange File Format）的英文缩写，是 Apple 公司开发的一种声音文件格式，格式与 WAV 格式类似，也具有较好的声音品质，大多数浏览器都可以播放它并且不要求插件，但是文件较大。

4. MIDI 格式

MIDI（Musical Instrument Digital Interface，乐器数字接口），是 20 世纪 80 年代初为解决电声乐器之间的通信问题而提出的。MIDI 是编曲界应用最广泛的音乐标准格式，可称为"计算机能理解的乐谱"。它用音符的数字控制信号来记录音乐。一首完整的 MIDI 音乐只有几十 kB 大，而能包含数十条音乐轨道。作为音乐工业的数据通信标准，MIDI 能指挥各音乐设备的运转，而且具有统一的标准格式，能够模仿原始乐器的各种演奏技巧，甚至人类无法演奏的效果，而且文件的长度非常小，很小的 MIDI 文件就可以提供较长时间的声音剪辑。许多浏览器都支持 MIDI 文件，并且不需要插件。尽管 MIDI 文件的声音品质非常高，但也可能因访问者的声卡而异。此外，MIDI 文件不能进行录制，必须使用特殊的硬件和软件在计算机上合成。

5. ra、ram、rpm 或 Real Audio 格式

它们具有非常高的压缩程度，文件大小要小于 MP3。全部歌曲文件可以在合理的时间范围内下载。因为可以在普通的 Web 服务器上对这些文件进行"流式处理"，所以访问者在文件完全下载完之前就可听到声音。访问者必须下载并安装 RealPlayer 辅助应用程序或插件才可以播放这些文件。

5.4.2　常用的视频格式

在网页中经常使用的视频格式为 avi、wmv、asf、mpeg、rm、rmvb、mov、flv 等。

1. AVI 格式

AVI（Audio Video Interleaved）是由微软公司推出的视频音频交错格式（视频和音频交织在一起同步播放），是一种桌面系统上的低成本、低分辨率的视频格式。它的一个重要特点是具有可伸缩性，其性能依赖于硬件设备。它的优点是可以跨多个平台使用，它的缺点是占用空间大，压缩标准不统一，因此经常会遇到高版本 Windows 媒体播放器播放不了采用早期编码编辑的 AVI 格式视频，而低版本 Windows 媒体播放器又播放不了采用最新编码编辑的 AVI 格式视频。

2. WMV 格式

WMV 是一种独立于编码方式的、在 Internet 上实时传播多媒体的技术标准，微软公司希望用其取代 Quick Time 之类的技术标准以及 WAV、AVI 之类的文件扩展名。WMV 的主要优点在于：可扩充的媒体类型、本地或网络回放、可伸缩的媒体类型、流的优先级化、多语言支持、扩展性等。

3. ASF 格式

ASF（Advanced Streaming Format，高级串流格式）的缩写，是 Microsoft 为了和 Real-player 竞争而发展出来的一种可以直接在网上观看视频节目的文件压缩格式。ASF 使用了

MPEG4 的压缩算法,压缩率和图像的质量都很不错。因为 ASF 是以一个可以在网上即时观赏的视频"流"格式,所以它的图像质量比 VCD 差一点点并不出奇,但比同是视频"流"格式的 RAM 格式要好。Microsoft Media Player 是能播放几乎所有多媒体文件的播放器,支持 ASF 在 Internet 上的流文件格式,可以一边下载一边实时播放。

4. MPEG 格式

MPEG(Motion Picture Experts Group,运动图像专家组)格式包括了 MPEG-1、MPEG-2 和 MPEG-4 在内的多种视频格式。MPEG-1 正在被广泛地应用在 VCD 的制作和一些视频片段下载的网络应用上面,大部分的 VCD 都是用 MPEG-1 格式压缩的(刻录软件自动将 MPEG-1 转换为 DAT 格式,DAT 文件也是 MPG 格式),使用 MPEG-1 的压缩算法,可以把一部 120 分钟长的电影压缩到 1.2 GB 左右大小。MPEG-2 则是应用在 DVD 的制作,同时在一些 HDTV(高清晰电视广播)和一些高要求视频编辑、处理上面也有相当多的应用。使用 MPEG-2 的压缩算法压缩一部 120 分钟长的电影可以压缩到 5～8 GB 的大小(MPEG-2 的图像质量是 MPEG-1 无法比拟的)。MPEG-1 和 MPEG-2 采用相同的工作原理。MPEG 系列标准已成为国际上影响最大的多媒体技术标准。MPEG 系列标准对 VCD、DVD 等视听消费电子、数字电视、高清晰度电视(DTV,HDTV)、多媒体通信等信息产业的发展产生了巨大而深远的影响。

5. RM、RMVB 格式

RMVB 的前身为 RM 格式,它们是 Real Networks 公司所制定的音频视频压缩规范,根据不同的网络传输速率,制定出不同的压缩比率,从而实现在低速率的网络上进行影像数据实时传送和播放,具有体积小、画质也不错的优点。RMVB 较上一代 RM 格式画面要清晰很多,原因是其降低了静态画面下的比特率。

6. MOV 格式

即 QuickTime 影片格式,它是 Apple 公司开发的一种音频、视频文件格式,用于存储常用数字媒体类型,包括音频和视频信息,甚至 Windows 在内的所有主流电脑平台都支持。QuickTime 提供了两种标准图像和数字视频格式,既可以支持静态的 ∗.PIC 和 ∗.JPG图像格式,也可以支持动态的基于 Indeo 压缩法的 ∗.MOV 和基于 MPEG 压缩法的 ∗.MPG 视频格式。

7. FLV、F4V 格式

FLV 是 FLASH VIDEO 的简称,FLV 流媒体格式是一种新的视频格式。由于它形成的文件极小、加载速度极快,使得网络观看视频文件成为可能,它的出现有效地解决了视频文件导入 Flash 后,使导出的 SWF 文件体积庞大,不能在网络上很好的使用等缺点。F4V 作为一种更小、更清晰、更利于在网络传播的格式,已经逐渐取代了传统 FLV,也已经被大多数主流播放器兼容播放,而不需要通过转换等复杂的方式。

5.5　插入音频

音频在网页中的应用一般有两种情况:一是以网页的背景音乐出现,在加载页面时音频也会自动播放；二是以插入音频的形式出现，用户可以通过播放器来控制音频。

5.5.1　嵌入音频文件

将光标定位在需要插入音频的位置，选择【插入】面板的 HTML 选项卡，单击"插件"按钮 （或在菜单栏中选择"插入"＞"HTML"＞"插件"命令），在打开的"选择文件"对话框中选择音频文件（在站点中创建 audio 文件夹，用来存放音频文件），如图 5 - 20 所示，单击"确定"按钮。

图 5 - 20　"选择文件"对话框

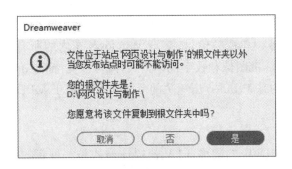

图 5 - 21　提示对话框

如果所选音频文件位于站点以外，则弹出如图 5 - 21 所示的对话框，单击"是"按钮，弹出"复制文件为"对话框，如图 5 - 22 所示，打开 audio 文件夹，单击"保存"按钮，将文件复制到站点的 audio 文件夹下。

【设计】视图中会出现插件占位符 ![icon]，选中该图标，在【属性】面板中设置插件的"宽"为 250（或直接在【设计】视图中调整插件占位符的大小），如图 5 - 23 所示。保存文档，按 F12 键预览效果，如图 5 - 24 所示。

图 5-22　"复制文件为"对话框

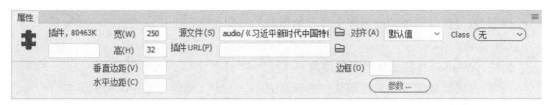

图 5-23　修改插件属性

图 5-24　嵌入音频文件

- 【名称】：在属性检查器最左侧的未标记文本框中输入插件名称。
- 【对齐】：设置对象在页面上的对齐方式。
- 【插件 URL】：输入站点的完整 URL，用户可通过此 URL 下载插件。如果浏览页面的用户没有插件，浏览器将尝试从此 URL 下载插件。
- 【垂直边距】/【水平边距】：以像素为单位指定插件上、下、左、右的空白量。
- 【边框】：设置环绕插件四周的边框的宽度。

在【属性】面板中单击"参数"按钮，打开"参数"对话框，添加具体的属性参数。或通过在＜embed＞标签中添加属性。

语法格式：

> ＜embed src＝"…/filename"＞

属性参数说明如下：

（1）自动播放

语法：autostart＝true/false

说明：该属性规定音频或视频文件是否在下载完之后就自动播放。true：文件在下载完之后自动播放；false：文件在下载完之后不自动播放。

（2）循环播放

语法：loop＝正整数/true/false

说明：该属性规定音频或视频文件是否循环及循环次数。属性值为正整数值时，文件的循环次数与正整数值相同；属性值为 true 时，文件循环；属性值为 false 时，文件不循环。

（3）面板显示

语法：hidden＝true/no

说明：该属性规定控制面板是否显示，默认值为 no。true：隐藏面板；no：显示面板。

（4）开始时间

语法：starttime＝mm：ss（分：秒）

说明：该属性规定音频或视频文件开始播放的时间。未定义则从文件开头播放。

（5）音量大小

语法：volume＝0 到 100 之间的整数

说明：该属性规定音频或视频文件的音量大小。未定义则使用系统本身的设定。

（6）容器属性

语法：height＝♯ width＝♯

说明：取值为正整数或百分数，单位为像素。该属性规定控制面板的高度和宽度。

（7）容器单位

语法：units＝pixels/en

说明：该属性指定高和宽的单位为 pixels 或 en。

（8）外观设置

语法：controls＝console/smallconsole/playbutton/pausebutton/stopbutton/volumelever

说明：该属性规定控制面板的外观。默认值是 console。console：一般正常面板；smallconsole：较小的面板；playbutton：只显示播放按钮；pausebutton：只显示暂停按钮；stopbutton：只显示停止按钮；volumelever：只显示音量调节按钮。

（9）对象名称

语法：name＝♯

说明：♯为对象的名称。该属性给对象取名，以便其他对象利用。

（10）说明文字

语法：title＝♯

说明：♯为说明的文字。该属性规定音频或视频文件的说明文字。

（11）前景色和背景色

语法：palette＝color|color

说明：该属性表示嵌入的音频或视频文件的前景色和背景色，第一个值为前景色，第二个值为背景色，中间用 | 隔开。color 可以是 RGB 色（RRGGBB），也可以是颜色名，还可以是 transparent（透明）。

（12）对齐方式

语法：align＝top/bottom/center/baseline/left/right/texttop/middle/absmiddle/absbottom

说明：该属性规定控制面板和当前行中的对象的对齐方式。center：控制面板居中；left：控制面板居左；right：控制面板居右；top：控制面板的顶部与当前行中的最高对象的顶部对齐；bottom：控制面板的底部与当前行中的对象的基线对齐；baseline：控制面板的底部与文本的基线对齐；texttop：控制面板的顶部与当前行中的最高的文字顶部对齐；middle：控制面板的中间与当前行的基线对齐；absmiddle：控制面板的中间与当前文本或对象的中间对齐；absbottom：控制面板的底部与文字的底部对齐。

5.5.2　插入 HTML5 Audio

将光标定位在需要插入音频的位置，选择【插入】面板的 HTML 选项卡，单击"HTML5 Audio"按钮 （或在菜单栏中选择"插入"＞"HTML"＞"HTML5 Audio"命令），【设计】视图中会出现小喇叭图标 。选中该图标，在【属性】面板中，修改音频属性，如图 5－25 所示。保存文档，按 F12 键预览效果，如图 5－26 所示。

图 5－25　修改音频属性

图 5－26　插入 HTML5 Audio

- 【源】：输入音频文件的位置，或单击文件夹图标从计算机中选择音频文件。
- 【Alt 源 1】/【Alt 源 2】：不同浏览器对音频格式的支持有所不同。如果源中的音频格式不被支持,则会使用"Alt 源 1"或"Alt 源 2"中指定的格式。浏览器选择第一个可识别格式来显示音频。

- 【Title】:设置音频文件的标题。
- 【回退文本】:设置在不支持 HTML5 的浏览器中显示的文本。
- 【Controls】:勾选此项,则在 HTML 页面中显示音频控件,如播放、暂停和静音。未勾选,则隐藏控件。
- 【Autoplay】:勾选此项,则音频一旦在网页上加载后便开始播放。未勾选,则需单击播放键开始播放。
- 【Loop】:勾选此项,则音频连续播放,直到用户停止播放它。
- 【Muted】:勾选此项,则在下载之后将音频静音。
- 【Preload】:在下拉列表中,选择"auto"会在页面下载时加载整个音频文件。选择"metadata"会在页面下载完成之后仅下载元数据(媒体字节数、第一帧、插入列表、持续时间等)。

5.5.3 插入背景音乐

方法一:选择【插入】面板的 HTML 选项卡,单击"插件"按钮 ✚(或在菜单栏中选择"插入">"HTML">"插件"命令),在打开的"选择文件"对话框中选择音频文件,单击"确定"按钮。选中插件占位符,在【属性】面板中单击"参数"按钮,打开"参数"对话框,按如图 5-27 所示进行设置,单击"确定"按钮,这样该音频文件就会隐藏起来进行循环播放了。

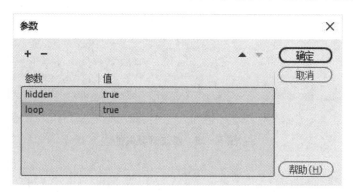

图 5-27 "参数"对话框

方法二:在【代码】视图中,把光标定位在<body>和</body>之间。添加如下代码:

<bgsound src="audio/《品读中华经典》系列音频 _ 礼记.mp3" loop="infinite">

属性参数说明如下:

- src:定义了音频文件的 URL,必须是以下格式之一且支持大多的主流音乐格式,如.mp3,.wav,.au,.mid 等。
- loop:该属性指定音频被播放的次数,正整数表示播放指定次数,infinite 和 -1 表示循环播放。

- delay：进行播放延时的设置。
- volume：调整音量大小，取值范围－10000 到 0,0 是最大音量。
- balance：调整左右声道的音量平衡，取值范围－10000 到＋10000。

5.6　插入视频

Dreamweaver 会根据不同的视频格式，选用不同的播放器，默认的播放器是 Windows Media Player。

5.6.1　嵌入视频文件

将光标定位在需要插入视频的位置，选择【插入】面板的 HTML 选项卡，单击"插件"按钮 （或在菜单栏中选择"插入"＞"HTML"＞"插件"命令），在打开的"选择文件"对话框中选择视频文件（在站点中创建 video 文件夹，用来存放视频文件），单击"确定"按钮。

【设计】视图中会出现插件占位符 ，选中该图标，在【属性】面板中设置插件的"宽"为 640，"高"为 360（或直接在【设计】视图中调整插件占位符的大小），单击"参数"按钮，打开"参数"对话框，添加具体的属性参数。或通过在＜embed＞标签中添加属性（具体属性参数值参见 8.2.1 嵌入音频文件）。保存文档，按 F12 键预览效果，如图 5－28 所示。

图 5－28　嵌入视频文件

5.6.2　插入 HTML5 Video

将光标定位在需要插入视频的位置，选择【插入】面板的 HTML 选项卡，单击"HTML5 Video"按钮 （或在菜单栏中选择"插入"＞"HTML"＞"HTML5 Video"命令），【设计】视图中会出现 HTML5 Video 图标 。选中该图标，在【属性】面板中，修改视频属性，如

图 5 – 29所示。

图 5 – 29　修改视频属性

HTML5 Video 的许多属性与 HTML5 Audio 相同,接下来介绍不同的几个属性。

- 【W】/【H】:设置 HTML5 Video 的宽度和高度。
- 【Poster】:输入要在视频完成下载后或用户单击"播放"后显示的图像的位置。当插入图像时,宽度和高度值是自动填充的,如图 5 – 30 所示。
- 【Flash 回退】:对于不支持 HTML5 Video 的浏览器选择 SWF 文件。

保存文档,按 F12 键预览效果,如图 5 – 31 所示。

图 5 – 30　Poster 显示的图像　　　　**图 5 – 31　插入 HTML5 Video**

5.6.3　插入 Flash Video

Flash 是由 Macromedia 公司推出的交互式矢量图和 Web 动画的标准。做 Flash 动画的人被称为"闪客"。网页设计者使用 Flash 制作导航、按钮等,可以让文字变得动感十足,而且 Flash 动画还具有小巧、富有交互性等特征。

在使用 Dreamweaver CC 插入 Adobe Flash 创建的内容之前,我们先熟悉以下几种 Flash 类型的文件,包括 FLA、SWF、FLV 等。

1. FLA 文件(.fla)

所有项目的源文件,使用 Flash 创作工具创建。此类型的文件只能在 Flash 中打开(而无法在 Dreamweaver 或浏览器中打开)。可以在 Flash 中打开 FLA 文件,然后将它发布为 SWF 或 SWT 文件以在浏览器中使用。

2. SWF 文件(.swf)

FLA(.fla)文件的编译版本,已进行优化,可以在 Web 上查看。此文件可以在浏览器中播放并且可以在 Dreamweaver 中进行预览,但不能在 Flash 中编辑此文件。

3. FLV 文件(. flv)

一种视频文件,它包含经过编码的音频和视频数据,用于通过 Flash®Player 进行传送。例如,如果具有 QuickTime 或 WindowsMedia 视频文件,可以使用编码器(如 Flash®Video-Encoder 或 SorensonSqueeze)将该视频文件转换为 FLV 文件。

将光标定位在需要插入视频的位置,选择【插入】面板的 HTML 选项卡,单击"Flash Video"按钮 ,打开"插入 FLV"对话框,单击"浏览"按钮,选择准备插入的 FLV 视频文件,设置相关属性,单击"确定"按钮,如图 5-32 所示。第一次插入 Flash Video,会弹出"复制相关文件"对话框,如图 5-33 所示,单击"确定"按钮,将 FLV 文件添加到网页上。保存文档,按 F12 键预览效果,如图 5-34 所示。

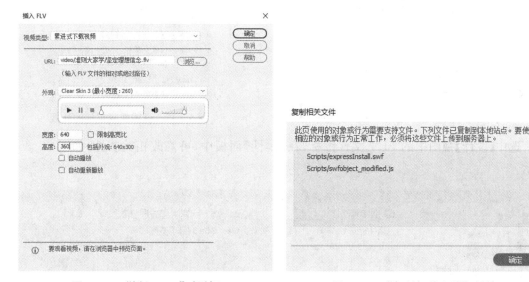

图 5-32　"插入 FLV"对话框　　　　　　图 5-33　"复制相关文件"对话框

- 【视频类型】:包括累进式下载视频和流视频两个选项。累进式下载视频将 FLV 文件下载到站点访问者的硬盘上,然后播放。但是,与传统的"下载并播放"视频传送方法不同,累进式下载允许在下载完成之前就开始播放视频文件。流视频对视频内容进行流处理并立即在 Web 页面中播放。若要在 Web 页面中启用流视频,必须具有对 Adobe®Flash®Media Server 的访问权限。

- 【外观】:设置视频组件的外观,如图 5-35 所示,所选外观的预览会显示在下方。

- 【宽度】/【高度】:FLV 文件的宽度和高度(以像素为单位)。

- 【限制高宽比】:保持视频组件的宽度和高度之间的比例不变。默认情况下会选择此选项。

- 【自动播放】:设置在网页打开时是否自动播放视频。

- 【自动重新播放】:设置播放控件在视频播放完之后是否返回起始位置。

小贴士：

"复制相关文件"对话框：Dreamweaver CC 通知我们正在将两个相关文件（expressInstall. swf 和 swfobject_modified. js）保存到站点中的 Scripts 文件夹。在将 SWF 文件上传到 Web 服务器时，不要忘记上传这些文件，否则浏览器无法正确显示 SWF 文件。

图 5‑34　插入 Flash Video

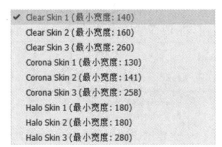

图 5‑35　设置视频组件的外观

选中【设计】视图中的 FLV 文件图标，在【属性】面板中，可修改相关属性，如图 5‑36 所示。

图 5‑36　修改 FLV 文件属性

5.6.4　插入 Flash SWF

将光标定位在需要插入视频的位置，选择【插入】面板的 HTML 选项卡，单击"Flash SWF"按钮 （或在菜单栏中选择"插入"＞"HTML"＞"Flash SWF"命令），打开"选择 SWF"对话框，选择准备插入的 SWF 文件，单击"确定"按钮，在弹出的"对象标签辅助功能属性"对话框中进行相应设置，单击"确定"按钮，如图 5‑37 所示。

- 【标题】：输入标题，屏幕阅读器会朗读该对象的标题。
- 【访问键】：在该文本框中输入等效的键盘键（一个字母），用以在浏览器中选择表单对象。这使得站点访问者可以使用 Ctrl 键和访问键的组合来访问对象。例如，如果输入 B 作为访问键，则可使用 Ctrl＋B 在浏览器中选择该对象。
- 【Tab 键索引】：输入一个数字以指定表单对象的 Tab 键顺序。当页面上有其他链接和表单对象，并且需要用户用 Tab 以特定顺序访问这些对象时，设置 Tab 顺序就会

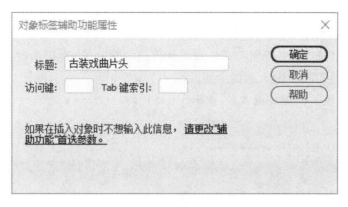

图 5‑37　"对象标签辅助功能属性"对话框

非常有用。如果为一个对象设置 Tab 键顺序,则必须为所有对象设置 Tab 键顺序。

小贴士:

> 如果不希望显示此类对话框,可在菜单栏中选择"编辑">"首选项"命令(或按快捷键 "Ctrl＋U"),打开"首选项"对话框,在"分类"列表中选择"常规"选项卡,取消勾选"插入对象时显示对话框",单击"应用"按钮。

【设计】视图中会出现 SWF 文件占位符,选择该图标,在【属性】面板中,修改 SWF 文件属性,如图 5‑38 所示。

图 5‑38　修改 SWF 文件属性

- 【背景颜色】:设置影片区域的背景颜色。在不播放影片时(在加载时和在播放后)显示此颜色。
- 【编辑】:启动 Flash 以更新 FLA 文件(使用 Flash 创作工具创建的文件)。如果计算机上没有安装 Flash,则会禁用此选项。
- 【品质】:在影片播放期间控制抗失真。高品质设置可改善影片的外观。但高品质设置的影片需要较快的处理器才能在屏幕上正确呈现。低品质设置会首先照顾到显示速度,然后才考虑外观,而高品质设置首先照顾到外观,然后才考虑显示速度。自动低品质会首先照顾到显示速度,但会在可能的情况下改善外观。自动高品质开始时会同时照顾显示速度和外观,但以后可能会根据需要牺牲外观以确保速度。
- 【比例】:在下拉列表中,选择"默认",则 SWF 文件将全部显示,能保证各部分的比例;选择"无边框",则在必要时会裁剪 SWF 文件的一些内容;选择"严格匹配",则 SWF 文件将全部显示,但比例有可能会有所变化。
- 【Wmode】:为 SWF 文件设置 Wmode 参数以避免与 DHTML 元素(例如 Spry Wid-

get)相冲突。默认值是不透明,在浏览器中,DHTML 元素就可以显示在 SWF 文件的上面。如果 SWF 文件包括透明度,并且希望 DHTML 元素显示在它们的后面,请选择"透明"选项。选择"窗口"选项可从代码中删除 Wmode 参数并允许 SWF 文件显示在其他 DHTML 元素的上面。

保存文档,按 F12 键预览效果,如图 5‐39 所示。

图 5‐39　插入 Flash SWF

课后习题

1. 制作"广角镜"图片页

知识要点:使用"图像"命令,添加图像;使用"鼠标经过图像"命令,添加鼠标经过图像;使用【属性】面板,设置文本的字体、对齐方式、大小。

2. 制作"云赛场"视频页

知识要点:使用"HTML5 Video"命令,插入视频;使用【属性】面板,设置视频的大小。

第 5 章习题详解

第 6 章　使用表格和 IFrame 框架布局网页

表格是网页制作中不可缺少的元素之一。表格在网页中主要用来进行页面的整体布局,也可以用来制作简单的图表。IFrame 框架是一种特殊的框架技术,比框架更容易控制网站的内容。但是由于 Dreamweaver CC 中并没有提供 IFrame 框架的可视化制作方案,因此需要手动添加一些页面的源代码。本章主要讲解表格的应用、设置表格属性、选择和编辑表格、框架的概念、使用 IFrame 框架布局网页等内容,从而在实际的网页设计与制作中达到熟练应用的目的。

知识要点	学习难度
掌握表格的创建	★★
掌握设置、选择和编辑表格的基本操作	★★★
掌握 IFrame 框架页面	★★★
掌握 IFrame 框架页面链接	★★★★

6.1　表格的概念与创建

6.1.1　表格的概念

在网页中,表格(table)是由一个或多个单元格构成的集合,如图 6-1 所示,表格中横向的多个单元格称为"行"(在 HTML 语言中以<tr>标签开始,以</tr>标签结束),垂直的多个单元格称为"列"(以<td>标签开始,以</td>标签结束),行与列的交叉区域称为单元格。网页中的元素就放置在这些单元格中,在单元格中可以插入文本、图像、动画等网页元素,甚至可以在单元格中插入表格,即嵌套表格。

图 6-1　表格

6.1.2　创建表格

将光标定位在准备创建表格的位置,选择"插入">"表格"(Table)命令(或选择【插入】面板的 HTML 选项卡,单击"表格"按钮 ⊞)。弹出"表格"对话框,在"行数"文本框中,输入表格的行数,在"列"文本框中,输入表格的列数,单击"确定"按钮,完成表格的创建,如图 6-2 所示。

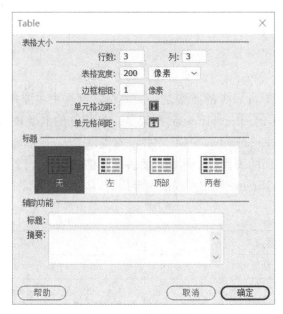

图 6-2　创建表格

【表格】对话框中,用户可以进行如下设置。

- 【行数】:在该文本框中输入新建表格的行数。
- 【列】:在该文本框中输入新建表格的列数。
- 【表格宽度】:用于设置表格的宽度,可以填入数值,在右边下拉列表框用来设置宽度的单位,有百分比和像素两个选项,当宽度的单位选择百分比时,表格的宽度会随浏览器窗口的大小而改变;以像素为单位指定表格宽度时,可以实现精确的文本和图像布局。
- 【边框粗细】:用于设置表格边框粗细的大小。默认值为1像素。如果设置为0像素,则表格的边框为虚线,在浏览网页时表格的边框不显示。
- 【单元格边距】:用于设置单元格的内部与单元格边框之间的距离。
- 【单元格间距】:用于设置单元格与单元格之间的距离。
- 【标题】按钮:可以为表格选择一个加粗文字的标题栏,可将标题设置为无、左部、顶部、左部和顶部同时设置。
- 【标题】:提供一个显示在表格外的表格标题。
- 【摘要】:可键入表格的说明文本。屏幕阅读器可读取摘要文本,但该文本不会显示在用户的浏览器中。

6.2　表格的应用

使用表格时,在表格中可以输入文字,也可以插入图像,还可以插入其他的网页元素。在网页的单元格中也可以嵌套一个表格,这样就可以使用多个表格来布局页面和组织数据。

6.2.1　存放文本

在表格输入文本内容,与在网页文档中输入文本内容大致相同。选择准备输入文本的单元格,调整好输入法之后,即可在单元格内输入。当输入的文本超出单元格的范围时,单元格会自动调整大小,以适应文本,如图 6-3 所示。

赛事类型	赛事项目
国外赛事	奥运会
	世界杯
	亚运会
	NBA
国内赛事	全运会
	大运会
	全国冬运会
	CBA

图 6-3　表格的应用

6.2.2　存放图片

在表格的单元格中插入图像的方法跟普通网页插入图像的方法是一样的。选择准备插入图像的单元格,选择"插入">"图像"(Image)命令,弹出"选择图像源文件"对话框,选择图像文件存储位置,选择准备插入的图像文件,单击"确定"按钮,如图 6-4 所示。

6.2.3　嵌套表格

嵌套表格是在一个表格的单元格中的表格。嵌套表格可以像任何其他表格一样对进行格式设置,但是,其宽度受它所在单元格的宽度的限制。将光标放置在需要插入表格(嵌套表格)的单元格中,使用插入表格的方法即可将表格插入到单元格中,如图 6-5 所示。

图 6-4　表格的应用

赛事类型	赛事项目	
国外赛事	2008年北京奥运会	
	🔴	⭕
	世界杯	
	亚运会	
	NBA	
国内赛事	全运会	
	大运会	
	全国冬运会	
	CBA	

图 6-5　嵌套表格

(图片来源:网址　https://tsk.cnki.net/qmjs/)

6.3 设置表格

插入表格后,用户可以对其进行设置,通过设置表格和单元格属性能够满足网页设计的需要。

6.3.1 设置表格属性

在插入表格之后,即可对插入的表格属性进行设置。选中表格后,可通过【属性】面板查看或修改表格的行、列、宽,以及填充、间距、背景颜色、背景图像等属性,如图6-6所示。

图 6-6 设置表格属性

- 【表格】:表格即表格名称,在该下拉列表框中可以输入表格的名称。
- 【行】:用于设置表格的行数。
- 【列】:用于设置表格的列数。
- 【宽】:用于设置表格的宽度。单击文本框右侧下拉列表框的下拉按钮,在弹出的列表中可以选择表格宽度的单位,有两个选项"％"和"像素"。
- 【CellPad】:用于设置单元格内部填充的大小,可填入数值,单位是像素。
- 【CellSpace】:用于设置单元格的间距,即单元格与单元格之间的距离,可填入数值,单位是像素。
- 【Align】:用于设置表格的水平对齐方式。Align下拉列表有4个选项,分别是"默认""左对齐""居中对齐"和"右对齐"。在Align下拉列表中选择"默认"选项,则表格将以浏览器默认的水平方式来对齐,默认的水平对齐方式一般为"左对齐"。
- 【Border】:用于设置表格边框宽度,可填入数值,单位是像素。
- 【Class】:在该选项的下拉列表中可以选择css样式应用于该表格。
- 表格设置区域:其中包括"清除列宽"按钮 ,用于清除表格中设置的列宽;"将表格宽度设置成像素"按钮 ,用于将当前表格的宽度单位转换为像素;"将表格当前宽度转换成百分比"按钮 ,用于将当前表格的宽度单位转换为文档窗口的百分比单位;"清除行高"按钮 ,用于清除表格中设置的行高。

6.3.2 设置单元格属性

选中单元格后,可以通过单元格的【属性】面板对单元格的属性进行设置,如图6-7所示。

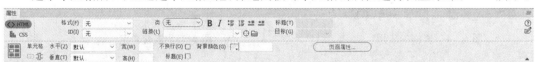

图 6-7 设置单元格属性

- 【合并所选单元格】按钮▣：当在表格中选中两个或两个以上连续的单元格时，该按钮可用，单击该按钮，可以将选中的单元格合并。
- 【拆分单元格为行或列】按钮✳：单击该按钮，打开"拆分单元格"对话框，可以将当前单元格拆分为多个单元格。
- 【水平】：单击下拉按钮，在弹出的列表中选择任意菜单选项用于设置单元格内容的水平对齐方式，包括"默认""左对齐""居中对齐"和"右对齐"4 个选项。
- 【垂直】：单击下拉按钮，在弹出的列表中选择任意菜单选项用于设置单元格内容的垂直对齐方式，包括"顶端对齐""居中对齐""底部对齐"和"基线对齐"4 个选项。
- 【宽】和【高】：在文本框中输入表格宽度和高度的数值。
- 【不换行】：选中该复选框，可以将单元格中所输入的较长文本显示在同一行，防止文本换行。
- 【标题】：选中该复选框，可以将单元格中的文本设置为表格的标题，默认情况下，表格标题显示为粗体。
- 【背景颜色】：单击该下拉按钮，在弹出的颜色调色板中选择相应的色块。
- 【页面属性】按钮：单击此按钮，可以打开"页面属性"对话框，用于设置网页文档的属性。

在单元格【属性】面板上还有一个 CSS 选项卡，单击转换到 CSS 选项卡中的设置选项，与 HTML 选项卡中的设置选项相同，如图 6-8 所示。两者的主要区别在于：CSS 选项卡中设置的属性会生成相应的 CSS 样式表应用于该单元格，而在 HTML 选项卡中设置的属性，会直接在该单元格标签中写入相关属性的设置。

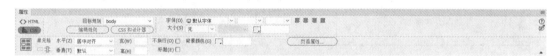

图 6-8　单元格【属性】面板

6.4　选择和编辑表格

在创建表格之后，可以根据实际需要对表格进行调整，包括选择表格和单元格、调整单元格和表格大小、添加与删除行与列、拆分单元格、合并单元格等一系列操作。

6.4.1　选择表格和单元格

1. 选择表格

选择表格有下列几种方法：

（1）在第一个单元格处单击，然后按住鼠标左键不放进行拖动，直到最右下角的最后一个单元格。即可选中整个表格。

（2）单击表格中任何一个单元格，然后在文档窗口左下角的标签选择器中选择＜table＞标签，即可选中整个表格。

（3）将鼠标指针移到单元格边框上或者任意一个折角,当鼠标指针变成 ╪ 时单击鼠标左键选中整张表格。

（4）单击表格宽度值旁边的三角按钮,在下拉菜单中选择"选择表格"菜单命令,如图 6 - 9 所示。

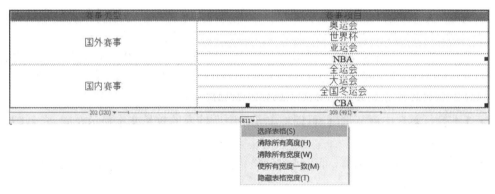

图 6 - 9　选择表格

2. 选择单元格

选择单元格包括选择单个单元格、选择连续的多个单元格和选择不连续的多个单元格。

（1）选择单个单元格

按住 Ctrl 键,单击即可将单元格选中。或者将光标放置在要选定的单元格中,单击文档窗口状态栏上的<td>标签,即可选定该单元格,如图 6 - 10 所示。

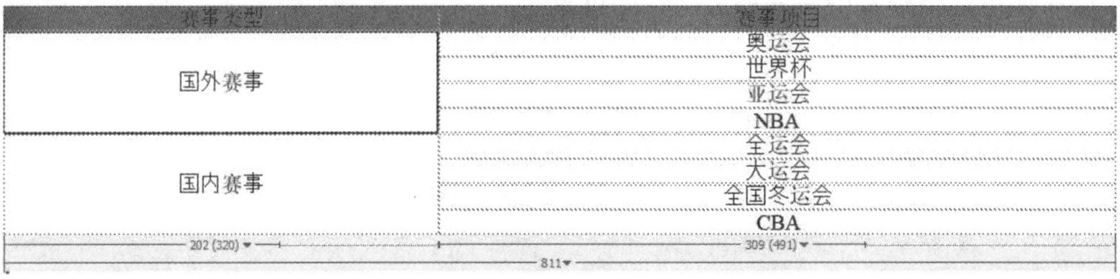

图 6 - 10　选择单元格

（2）选择连续的多个单元格

单击单元格,从一个单元格拖到另一个单元格即可。或者将光标定位在准备选择的起始单元格内,然后按住 Shift 键,单击指定单元格,即可选择连续的多个单元格,如图 6 - 11 所示。

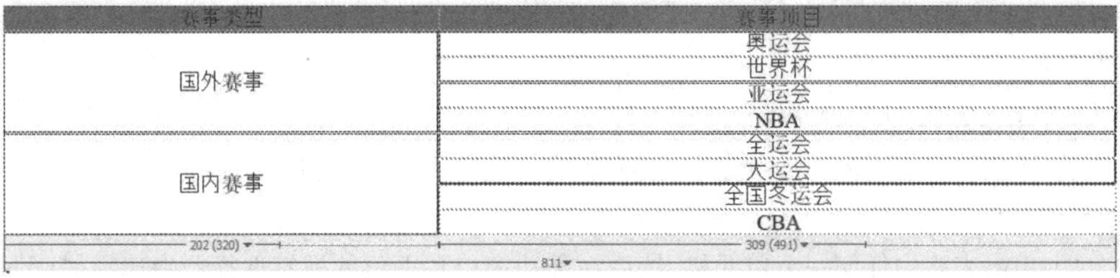

图 6 - 11　选择连续的多个单元格

（3）选择不连续的多个单元格

按住 Ctrl 键，依次单击准备选择的单元格，这样即可不连续选择单元格，如图 6-12 所示。

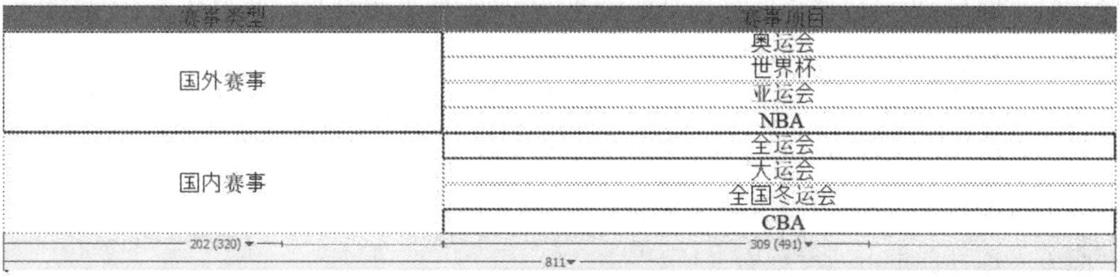

图 6-12　选择不连续的多个单元格

3．选择表格中的行或列

在对表格进行操作时，有时需选中表格中的某一行或某一列。如果要选择表格的某一行或列，可以使用以下几种方法：

（1）将光标移至表格的上边缘位置，当光标显示为向下箭头时，单击鼠标，可选中整列，如图 6-13 所示；将光标移到表格的左边缘位置，当光标显示为向右箭头时，单击鼠标，可选中整行。

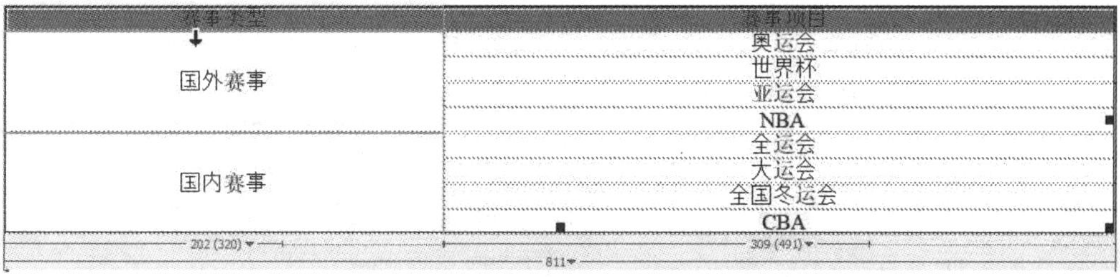

图 6-13　选择表格中的行或列

（2）单击单元格，水平拖动鼠标，即可选择整行；垂直拖动鼠标可选择整列。同时，还可拖动选择多行和多列。

6.4.2　调整表格大小

创建表格后，可以根据需要调整表格大小，或者调整表格中行高与列宽，整个表格大小被调整时，表格中所有的单元格将成比例地改变大小。

1．调整表格大小

选择表格后通过表格边框的控制点可以沿方向调整表格大小。将光标放在右下角的控制点，鼠标指针变成双向空白箭头 ⇲，拖动鼠标指针可同时调整表格的宽度和高度，如图 6-14 所示；也可以在选定表格后直接在【属性】面板中输入表格宽度来调整表格大小。

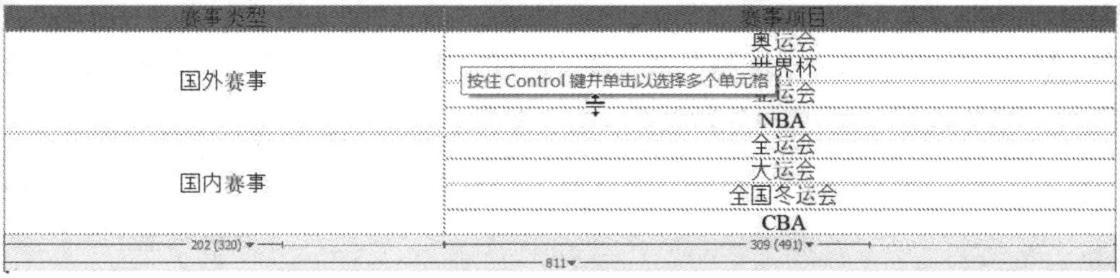

图 6-14　调整表格大小

2. 改变行的高度

将光标置于行中任意一个单元格,或选择需要设置高度的行,在下方的【属性】面板中直接输入行高即可;也可以使用鼠标拖动的方法,将光标置于两行之间的界线上,光标变成↔形状时上下拖动就可以改变行高。

3. 改变列的宽度

将光标置于列中任意一个单元格,或选择需要设置宽度的列,在下方的【属性】面板中直接输入列宽即可;也可以使用鼠标拖动的方法,将光标置于两列之间的界线上,光标变成↔形状时左右拖动就可以改变列宽。

6.4.3 添加与删除行或列

1. 添加行或列

如果插入的表格的行列不够或者多余,可以选择添加或者删除行或列。将光标定位在准备添加行或列的位置,单击鼠标右键,选择"表格">"插入行"命令(按快捷键"Ctrl+M")/选择"表格">"插入列"命令(按快捷键"Ctrl+Shift+A"),或者选择"表格">"插入行或列"命令,如图 6-15 所示。

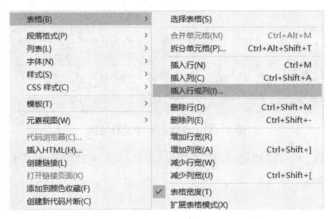

图 6-15 添加行或列

2. 删除行或列

将光标定位在准备删除行或列的位置,单击鼠标右键,选择"表格">"删除行"/"删除列"命令(或按快捷键 Delete)。

6.4.4 合并单元格

只要选择的单元格区域是连续的矩形,就可以进行合并单元格操作,生成一个跨多行或跨多列的单元格。选中要合并的单元格,单击鼠标右键,选择"表格">"合并单元格"命令(或单击【属性】面板的"合并单元格"按钮▱),即可完成合并操作,合并前各单元格中的内容(图 6-16)将放在合并后的单元格里面(图 6-17)。

国外赛事	奥运会
	世界杯
	亚运会
	NBA

图 6 - 16　合并单元格

国外赛事	奥运会世界杯
	亚运会
	NBA

图 6 - 17　合并单元格效果

6.4.5　拆分单元格

拆分单元格是将一个单元格分为两个或者多个单元格的行为。将光标定位在准备拆分的单元格中,单击鼠标右键,选择"表格">"拆分单元格"命令(或单击【属性】面板的"拆分单元格"按钮 ），打开"拆分单元格"对话框,在"把单元格拆分"区域中,选择单元格拆分方式,"行"或"列",然后输入行数或列数,单击"确定"按钮,如图 6 - 18 所示,即可把单元格拆分成多个单元格。

图 6 - 18　拆分单元格

6.5　框架的概念

框架是比较常用的网页技术,使用框架技术可以将不同的网页文档在同一个浏览器窗口中显示出来。利用框架技术可以把浏览器的现实空间分割为几个区域,每个区域可以分别显示不同的网页,而且替换窗口中的内容时,各个窗口之间没有影响。Dreamweaver CC 使用 IFrame 框架可以很轻松地使用、修改整个框架结构和每个框架的属性的命令。

6.5.1　框架结构的组成

框架是一种使多个网页(两个或两个以上)通过多种类型区域的划分,最终显示在同一窗口的网页结构。框架结构多用于头页或导航栏部分较为固定而主体部分较多变化的网页结构。使用框架页面的主要原因是为了使导航更加清晰,使网站的结构更加简单明了、清晰、更规格化。

一个框架结构是由两部分组成的。

框架页:浏览器窗口中的一个区域,它可显示与浏览器窗口其余部分所显示内容无关的网页文件,在一个窗口中,要显示多少网页就有多少个框架,每个框架显示不同的网页内容。

框架集:也是一个网页文件,它是一个浏览器窗口中不同部分显示的网页文件的集合。

如图 6 - 19 所示的框架结构,就是包括上部页头(导航、banner)、中部主体内容、下部页尾三个不同部分的框架页,以及这些页面组成的一个框架集。这个页面是由上中下三部分组成的一个框架集,最上面的是此站点的导航目录。单击不同栏目,相应的栏目内容会出现在下面的框架子页面中。最下面页尾是此网站的一些相关信息。这样的框架组合可以保证整个站点的栏目始终都出现在浏览者的视线中，使浏览者的注意力更多地集中在框架集的中间部分，即栏目内容。

图 6-19　框架结构示意图

（图片来源：北京故宫　https://www.sohu.com/a/333140069_120252002

福州建筑　https://www.zhihu.com/pin/1383361727665340416

故宫 1　https://baijiahao.baidu.com/s? id=1654174103279394345&wfr=spider&for=pc

故宫 2　https://www.sohu.com/a/437862741_120636921)

6.5.2　框架结构的优点与缺点

框架结构可将浏览器的显示分割成几个部分,每个部分可独立显示不同的网页。这对于保持整个网页设计的整体性是有利的;但对于那些不支持框架结构的浏览器,页面信息就不能显示出来。

1. 使用框架结构的优点:

(1) 使网页结构清晰,易于维护和更新。

(2) 浏览器不需要为每个页面重新加载与导航相关的图形,这样可提高网页下载的效率,同时也减轻了网站服务器的负担。

(3) 每个框架都有自己的滚动条,因此浏览者可独立滚动这些框架。

2. 使用框架结构的缺点:

(1) 难以实现在不同框架中精确地对齐各页面元素。

(2) 对导航进行测试时很耗时间。

(3) 由于带有框架页面的 URL 不显示在浏览器中,因此浏览者难以将特定页面设为书签。

6.6　使用 IFrame 框架布局网页

IFrame 框架是一种特殊的框架技术,IFrame 框架比框架更加容易控制网站的内容。但是,由于 Dreamweaver CC 中并没有提供 IFrame 框架的可视化制作方案,因此需要手动添加一些页面的源代码。

6.6.1　制作 IFrame 框架页面

将光标选定需要使用 IFrame 框架的位置,选择"插入">"HTML">"IFRAME"命令(或选择【插入】面板的 HTML 选项卡,单击"IFRAME"按钮▣),在文档窗口中插入一个浮动的框架,并在代码中自动生成<iframe></iframe>标签,如图 6-20 所示。

在代码视图中的<iframe>标签中输入相应的代码,如图 6-21 所示。

这里所链接的"北京故宫.html"页面是事先制作完成的页面,效果如图 6-22 所示。页面中插入 IFrame 框架的位置会变成灰色区域,而"北京故宫.html"页面就会出现 IFrame 框架内部,保存文档,按 F12 键预览效果,如图 6-19 所示。

小贴士:

其中,<iframe>为 IFrame 框架的标签,src 属性用于设置该 IFrame 框架中显示的页面,name 属性用于设置该 IFrame 框架的名称,width 属性用于设置 IFrame 框架的宽度,height 属性用于设置 IFrame 框架的高度,scrolling 属性用于设置 IFrame 框架的滚动条是否显示,frameborder 属性用于设置 IFrame 框架边框显示属性。

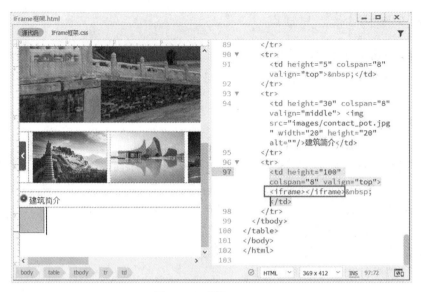

图 6-20　插入 IFrame

（图片来源：北京故宫　https://www.sohu.com/a/333140069_120252002

　　　　　福州建筑　https://www.zhihu.com/pin/1383361727665340416

　　　　　故宫1　https://baijiahao.baidu.com/s?id=1654174103279394345&wfr=spider&for=pc

　　　　　故宫2　https://www.sohu.com/a/437862741_120636921)

图 6-21　添加 IFrame 代码

（图片来源：北京故宫　https://www.sohu.com/a/333140069_120252002

　　　　　福州建筑　https://www.zhihu.com/pin/1383361727665340416

　　　　　故宫1　https://baijiahao.baidu.com/s?id=1654174103279394345&wfr=spider&for=pc

　　　　　故宫2　https://www.sohu.com/a/437862741_120636921)

小贴士：

当 IFrame 框架调用内容比较多，页面比较长时，IFrame 框架就会出现滚动条。

图 6‑22　指定框架网页的素材

（图片来源：北京故宫　https://www.sohu.com/a/333140069_120252002

　　　　　　福州建筑　https://www.zhihu.com/pin/1383361727665340416

　　　　　　故宫 1　https://baijiahao.baidu.com/s? id=1654174103279394345&wfr=spider&for=pc

　　　　　　故宫 2　https://www.sohu.com/a/437862741_120636921）

6.6.2　制作 IFrame 框架页面链接

通过 IFrame 框架页面链接，可以像其他链接一样链接至其他页面。选中页面上方的"北京建筑""江苏建筑"，如图 6‑23 所示。在【属性】面板的"链接"文本框中输入准备链接的网页文件，如"北京故宫.html"或"南京明故宫.html"，这里的"南京明故宫.html"也是制作好的页面，如图 6‑24 所示。在"目标"文本框中输入跳转目标，如"in"，如图 6‑25、图 6‑26 所示。

小贴士：

链接的"目标"设置为"in"与＜iframe 标签＞中 name="in"的定义必须保持一致，从而保证链接的页面在 IFrame 框架中打开。

图 6‑23　对文字添加超链接

（图片来源：北京故宫　https://www.sohu.com/a/333140069_120252002

　　　　　　福州建筑　https://www.zhihu.com/pin/1383361727665340416

　　　　　　故宫 1　https://baijiahao.baidu.com/s? id=1654174103279394345&wfr=spider&for=pc

　　　　　　故宫 2　https://www.sohu.com/a/437862741_120636921）

图 6-24　指定框架网页的素材

（图片来源：北京故宫　https://www.sohu.com/a/333140069_120252002

福州建筑　https://www.zhihu.com/pin/1383361727665340416

故宫 1　https://baijiahao.baidu.com/s?id=1654174103279394345&wfr=spider&for=pc

故宫 2　https://www.sohu.com/a/437862741_120636921）

图 6-25　设置跳转目标

图 6-26　设置跳转目标

保存文档，按 F12 键预览效果，如图 6-27 所示。单击"江苏建筑"文字，在 IFrame 框架中会显示"南京明故宫.html"页面的内容，如图 6-28 所示。

图 6-27　框架网页效果

（图片来源：北京故宫　https://www.sohu.com/a/333140069_120252002

福州建筑　https://www.zhihu.com/pin/1383361727665340416

故宫 1　https://baijiahao.baidu.com/s?id=1654174103279394345&wfr=spider&for=pc

故宫 2　https://www.sohu.com/a/437862741_120636921）

图 6‑28　框架网页跳转效果

（图片来源：北京故宫　https://www.sohu.com/a/333140069_120252002

福州建筑　https://www.zhihu.com/pin/1383361727665340416

故宫 1　https://baijiahao.baidu.com/s? id=16541741032793943 45&wfr=spider&for=pc

故宫 2　https://www.sohu.com/a/437862741_120636921）

课后习题

1. 制作"全民健身"网站首页

知识要点：使用"页面属性"命令，设置页面边距、标题和背景图像；使用"插入表格"命令，添加表格进行布局；使用"表格"命令，合并拆分单元格；使用"插入图像"命令，添加标志及其他图像。

2. 制作"科学健身"框架页

知识要点：使用"IFRAME"命令，添加 IFRAME；输入"IFRAME"代码，添加框架页面；使用"超链接"命令，添加框架页面链接。

第 6 章习题详解

第 7 章　超链接

学习导航

超链接是浏览者和服务器之间交互的主要手段，是使用比较频繁的 HTML 元素，本章主要讲解超链接的详细知识，包含超链接的定义、链接与路径的关系、创建超链接方法等内容。

知识要点	学习难度
了解超链接的定义	★★
理解链接与路径关系	★★★
掌握创建超链接的方法	★★★★

7.1　超链接的定义

超链接，是"超级链接"的简称，是指在计算机软件中，对包括文字、图片、按钮、影音多媒体等对象添加对另一文件的指向关系，单击该对象即可索引或访问指向文件的特殊功能，是站点内不同网页之间、站点与 Web 之间的链接关系。它可以使站点内的网页成为有机的整体，还能够使不同站点之间建立联系。超级链接由两部分组成：链接载体（源端点）和链接目标（目标端点）。

一个完整的主页是由多网页文档构成的，这些网页文档是分别独立的，而将这些独立的网页文档联系起来的纽带，就是超链接。超链接是一种对象，它以特殊编码的文本或图形的形式来实现链接，单击该链接相当于指示浏览器移至同一网页内的某个位置，或打开一个新的网页，或打开某一个新的 WWW 网站中的网页。

7.2　链接与路径的关系

每一个文件都有自己的存放位置和路径，理解一个文件到要链接的另一个文件之间的路径关系是创建链接的根本。在 Dreamweaver CC 中，可以很容易地选择文件链接的类型并设置路径。

链接路径主要分为相对路径、绝对路径和根路径 3 种。

7.2.1　相对路径

相对路径最适合网站的内部链接。只要是属于同一网站，即使不在同一个目录中，相对路径也非常适合。

如果要链接到同一目录中，则只需输入链接文档的名称；如果要链接到下一级目录中的文件，只需先输入目录名，然后加"/"，再输入文件名；如果要链接到上一级目录中文件，则先输入"../"，再输入目录名、文件名。

例如，通常在 Dreamweaver CC 中制作网页时使用的大多数路径都属于相对路径，包括在网页中插入的图像以及在 CSS 样式中设置的背景图像等，如图 7-1、图 7-2 所示。

图 7-1　相对路径

```
18 ▼ <p><img src="images/0101.jpg" width="1200" height="425" alt=""/></p>
```

图 7-2　相对路径代码

7.2.2　绝对路径

绝对路径为文件提供完整的路径，包括使用的协议（如 http、ftp、rtsp 等）。常见的绝对路径包括"http://www.nipes.cn/""ftp://202.113.234.1/"等，如图 7-3 所示。

图 7-3　南京体育学院官网

尽管本地链接也可以使用绝对路径,但不建议采用这种方式,因为一旦将该站点移动到其他服务器,则所有本地绝对路径链接都将断开。采用绝对路径的好处是,它同链接的源端点无关。只要网站的地址不变,无论文件在站点中如何移动,都可以正常实现跳转。另外,如果希望链接其他站点上的内容,就必须使用绝对路径,如图 7-4 所示。

图 7-4　绝对路径

绝对路径也会出现在尚未保存的网页上,如果在没有保存的网页上插入图像或添加链接,Dreamweaver CC 会暂时使用绝对路径,如图 7-5 所示。网页保存后,Dreamweaver 会自动将绝对路径转换为相对路径。

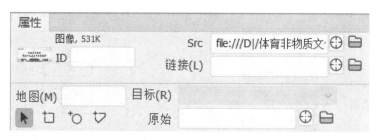

图 7-5　绝对路径

小贴士:
　　被链接的文档的完整 URL 就是绝对路径,包括所使用的传输协议。一个网站的网页链接到另一个网站的网页时,绝对路径是必须使用的,以保证当一个网站的网址发生变化时,被引用的另一个页面还是有效的。

7.2.3　根路径

根路径同样适用于创建内部链接,但大多数情况下,不建议使用此种路径形式。通常它只在两种情况下使用,一种是当站点的规模非常大,放置于几个服务器上时;另一种是当一个服务器上同时放置几个站点时。

根路径以"\"开始,然后是根目录下的目录名,如图 7-6 所示为一个根路径链接。

图 7-6　根路径

7.3　创建超链接方式

7.3.1　使用菜单创建超链接

在 Dreamweaver CC 中,可以通过菜单来创建链接。将准备设置链接的文本选中,选择 "插入">"超链接"(Hyperlink)命令(或选择【插入】面板的 HTML 选项卡,单击"超链接"按 钮),打开"超链接"对话框,在"文本"和"链接"文本框中,输入文本内容和准备链接的文件 名称,单击"确定"按钮,如图 7-7 所示。返回到主界面,页面如图 7-8 所示。

图 7-7　菜单创建超链接

- 【文本】:用于设置超链接显示的文本。
- 【链接】:用于设置超链接所链接到的路径。
- 【目标】:下拉列表用于设置超链接的打开方式,和【属性】面板上的"目标"下拉列表 相同。有_blank、new、_parent、_self、_top 5 种方式。_blank:打开一个新的浏览器 窗口,原来的网页窗口仍然存在,这种方法可以应用在用户希望保留主要的窗口时。 new:与_blank 类似,将链接的页面以一个新的浏览器打开。_parent:如果是嵌套的 框架,会在父框架或窗口中打开链接文件;如果不是嵌套的框架,则与_top 相同,在 整个浏览器窗口中打开链接文件,这种方式多用于"框架"文件中需要回到使用"框 架"首页的情况。_self:表示在当前网页所在的窗口中打开链接,此目标为浏览器默 认的设置。_top:表示在链接所在的最高级窗口打开。
- 【标题】:用于设置超链接的标题。

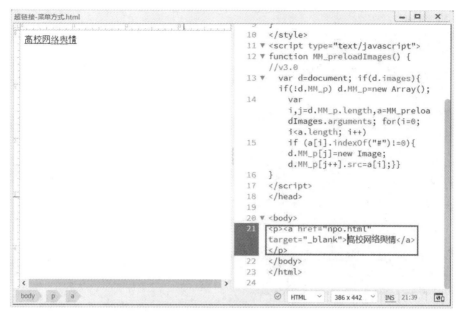

图 7 - 8 添加超链接

- 【访问键】：用于设置键盘访问键，可以输入一个字母，在浏览器打开网页后，单击键盘上的这个字母将选中这个超链接。

7.3.2 使用【属性】面板创建超链接

在 Dreamweaver CC 中，还可以通过【属性】面板来创建超链接。

将准备设置链接的文本选中，例如"南京体育学院官网"，在【属性】面板的"链接"文本框中，输入链接地址"http://www.nipes.cn"，如图 7 - 9 所示。

图 7 - 9 【属性】面板创建超链接

或者可以使用指向文件，使用鼠标左键按住"指向文件"按钮并拖拽，拖拽至目标位置后释放鼠标左键。网页页面效果如图 7 - 10 所示。

7.4 文本超链接

7.4.1 创建文本链接

创建文本链接是以文字作为媒介的链接，是网页中最简单、最常见的连接方式，具有制作简单、便于维护的特点。在网页中文本超链接根据链接对象的不同，可以分为与本地其他文档的链接、与外部网页的链接等。

图 7 - 10   超链接网页效果

(图片来源:南京体育学院官网)

1. 创建与本地其他文档的链接

创建超链接可以采用菜单命令,也可以利用【属性】面板中的"链接"文本框。使用【属性】面板的操作如下:选定需要创建超链接的文字,在【属性】面板的"链接"文本框中输入准备使用的链接地址,如"index. html"。或者单击"链接"文本框右侧的"浏览文件"按钮 📂,弹出"选择文件"对话框,选择相应的文件,单击"确定"按钮,文档内的文字即创建好了与本地网页文档的超链接。也可以将鼠标指针移到"链接"文本框右侧的"指向文件"按钮 ⊕ 上方,按住鼠标左键不松开,一直拖动到【文件】面板中相应的文件再松开即可创建链接,如图7 - 11所示。

图 7 - 11   创建与本地其他文档的链接

2. 创建与外部网页的链接

网页中除了可以给文本添加与本地网页文档的链接外,还可以给文本添加与外部网页的链接,其方法和链接本地文档的方法类似,可直接在【属性】面板"HTML"选项卡的"链接"文本框中设置,如输入"http://www. nipes. cn",此处不再赘述。

7.4.2   文本链接的状态

一个未被访问过的链接文字与一个被访问过的链接文字在形式上是有所区别的,以提示浏览者链接文字所指示的网页是否被访问过。

选择"文件"＞"页面属性"命令,打开"页面属性"对话框。在对话框中设置文本的链接状态。选择"分类"列表中的"链接"选项,分别单击"链接颜色""已访问链接""变换图像链接""活动链接"选项右侧的图标 ,打开调色板,分别选择一种颜色,来对应设置链接文字的颜色、访问过的链接文字的颜色、鼠标经过时文本的颜色以及活动的链接文字的颜色。在"下划线样式"选项的下拉列表中设置链接文字是否加下划线,可根据图片颜色设计超链接颜色,如图 7‑12 所示。

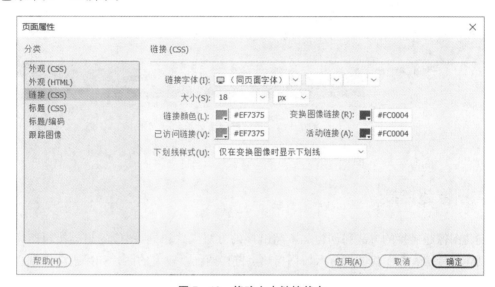

图 7‑12　修改文本链接状态

返回主页面,网页页面如图 7‑13 所示,保存文档,按 F12 键预览效果,光标放置到超链接文字上时,效果如图 7‑14 所示。

图 7‑13　完成文本链接状态

(图片来源:南京体育学院官网)

图7-14 超链接网页效果

(图片来源：南京体育学院官网)

7.5 图像超链接

创建图像超链接的方法和创建文本超链接的方法大致相同，图像的超链接包括为整张图像创建超链接和为图像的部分区域创建热点链接两种。较大的图片如果需要实现多个链接，可以使用"热点"功能。

7.5.1 为整张图像创建链接

在浏览网页图像的时候，如果把鼠标移到图像上方，鼠标指针会变成手的形状，而单击图像时，其会跳转到新的页面，这是因为该图像已经设置了超链接。

为图像创建超链接跟为文字创建超链接类似，可以通过下方的【属性】面板进行设置，选定需要创建超链接的文字，在【属性】面板的"链接"文本框中输入准备使用的链接地址，如"index. html"或"http：//www. nipes. cn"。若链接目标在本地，也可单击"链接"文本框右侧的"浏览文件"按钮，弹出"选择文件"对话框，选择相应的文件，单击"确定"按钮，文档内的图像即创建好了与本地网页文档的超链接。或者将鼠标指针移到"链接"文本框右侧的"指向文件"按钮上方，按住鼠标左键不松开，一直拖动到【文件】面板中相应的文件再松开即可创建链接。

7.5.2 为部分图像创建热点链接

在浏览网页的时候，当鼠标指向图片的不同部位时，可以打开不同的超链接，这种功能称为图片的热点链接或图片地图。热区是在图片上绘制出来的，相当于在图像上添加一层图层，当鼠标指针移动到热区的时候，鼠标指针变为可点击状态，单击可打开超链接，热区可以是矩形、圆形或者多边形。

创建这种超链接前,要先在图片上添加"热点",这些"热点"的形状可以是矩形、圆形或多边形,最后再分别给它们设置超链接。图像的热点都是通过【属性】面板中"地图"这块区域来设置的,如图 7-15 所示。选择准备绘制热区的图像,在【属性】面板中,单击选择任意热点工具,如"圆形热点工具"。

图 7-15　创建图像热点链接

鼠标左键在图像上拖拽出一个圆形,在"链接"文本框中输入热点的链接地址,如图 7-16 所示。制作完成后的页面如图 7-17 所示,单击"实时视图"按钮,将鼠标指针放置在热区位置,可以看到鼠标的变化,完成图片热点链接的操作。

图 7-16　输入图像热点链接网址

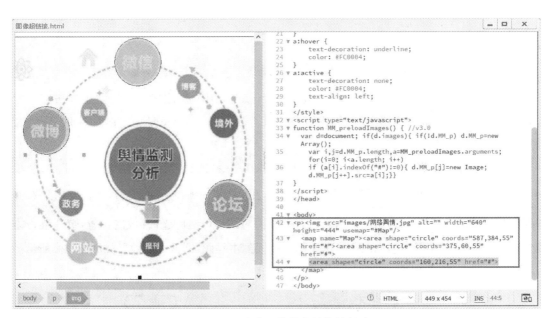

图 7-17　完成图像热点链接的创建

(图片来源:网址　https://www.sohu.com/a/379241506_120541885)

7.6　电子邮件链接

在浏览网页的时候,经常看到网页中有"联系＊＊"或"＊＊邮箱"的字样,当单击这些文字的时候,会启动 Outlook 软件的发新邮件界面,在"收件人"文本框中已经自动填写了电子邮件地址,这种链接方式就是电子邮件链接。下面讲解两种创建方式。

(1)选择"插入">"HTML">"电子邮件链接"命令,打开"电子邮件链接"对话框,在"文本"以及"电子邮件"中输入相应内容,如图 7-18 所示。

图 7-18 创建电子邮件链接

(2)选定准备设置链接的文本内容,在【属性】面板的"链接"文本框中输入"mailto:"和邮箱地址,如"mailto:wysj@nsi.edu.cn",如图 7-19 所示。

图 7-19 设置电子邮件链接

7.7 下载文件链接

下载文件的链接在软件下载网站或源代码下载网站中应用比较多,其创建方法与一般的链接创建方法相同,只是所链接的内容不是文字或网页,而是其他文件,如软件、压缩文件、图像等。

(1)方法一:选择"插入">"超链接(Hyperlink)"命令(或选择【插入】面板的 HTML 选项卡,单击"超链接"按钮),打开"超链接"对话框,在"文本"中输入文本内容,单击"链接"右侧"浏览"按钮 ,如图 7-20 所示。打开"选择文件"对话框,选择文件存放的位置,选择准备添加的文件,单击"确定"按钮,如图 7-21 所示。返回到主界面,网页页面效果如图 7-22 所示。

图 7-20 创建下载文件链接

图 7 - 21 选择下载文件

图 7 - 22 下载文件链接网页效果

（图片来源：网址 https://weibo.com/ttarticle/p/show? id=2309404260255960848051）

（2）方法二：选定准备设置链接的文本内容，在【属性】面板的"链接"文本框中输入下载文件的地址，如图 7 - 23 所示。

图 7 - 23 添加下载文件地址

保存文档,按 F12 键预览效果,光标点击下载超链接时,效果如图 7-24 所示。

图 7-24　下载文件链接网页效果

（图片来源:网址　https://weibo.com/ttarticle/p/show? id=2309404260255960848051）

7.8　命名锚点超链接

锚点也叫书签,顾名思义,就是在网页中做标记。每当要在网页中查找特定主题的内容时,只需要快速定位到相应的标记(锚点)处即可,这就是锚点链接。锚记是指在文档中设置一个位置标记,并给予一个名称,方便在网页中引用。因此,在网页中创建锚记链接需要分两步实现。首先要在网页的不同主题内容处定义不同的锚点,然后在网页开始处建立主题导航,并为不同主题导航建立定位到相应主题处的锚点链接。

一个锚点链接定义了网页中的一个位置,通过引用锚点所在网页的超链接,可访问此锚点所定义的网页内位置。例如,某个锚点的名称为"mao1",其所在页面的地址为 index. html,那么在加入一个地址是 index. html♯mao1 的超链接后,单击此超链接,不但可以打开页面 index. html,而且在页面打开之后,将自动滚动到该锚点所在的位置。

7.8.1　创建从文档底部移动到顶部的锚点链接

将光标定位在准备添加空链接的位置,在【属性】面板中的"链接"中输入"♯",如图 7-25 所示。网页页面效果如图 7-26 所示,保存文档,按 F12 键预览效果,点击"返回顶部"文字,即可返回页面顶部。

图 7-25　创建底部到顶部的锚点链接

图 7 - 26 锚点链接效果

7.8.2 使用锚点移至其他网页的指定位置

首先将光标定位在准备跳转至锚点标记的文本或位置,在【属性】面板中,检查所选项目是否具有 ID。如果 ID 字段为空,请添加 ID。例如,"yuqing1",如图 7 - 27 所示。

图 7 - 27 创建到指定位置的锚点链接

然后选择创建链接的文本或图像,在【属性】面板中键入一个数字符号(♯)和锚点名称。例如,若要链接到当前文档中名为"yuqing1"的锚点,请键入"♯yuqing1"。若要链接到同一文件夹内其他文档(npo.html)中的名为"yuqing1"的锚点,请键入 npo.html♯yuqing1,如图 7 - 28 所示。

图 7 - 28 创建到指定位置的锚点链接

返回主页面,网页页面效果如图 7 - 29 所示,保存文档,按 F12 键预览效果,当光标单击命名锚点链接时,会跳转到 npo.html 的对应位置,如图 7 - 30、图 7 - 31 所示。

图7-29 完成锚点链接的创建

（图片来源：网址 https://weibo.com/ttarticle/p/show? id=2309404260255960848051）

图7-30 锚点链接效果

（图片来源：网址 https://weibo.com/ttarticle/p/show? id=2309404260255960848051）

一、高校网络舆情的特征

高校网络舆情的发生主体是在校大学生。他们在年龄、心理、生活、思维和人生经历方面与社会大众有着很大的区别。因此，高校网络舆情有别于社会舆情。高校舆情是大学生在社会公众网络平台或校园网络空间内，通过多种多样的互联网渠道对其所关心的或与其切身利益息息相关的事件、政策、新闻等表达个人看法、意见、态度、情绪，从而汇集而成的信息集合。

1.高校网络舆情的主体特殊性

高校网络舆情事件多是校园突发事件所引起，并在校园师生中进行广泛传播的，其传播的主体是高校校园。对于在校大学生，他们处在青年时期，血气方刚，非常容易冲动，世界观、人生观、价值观初步形成，还处于不稳定时期，对事物的辨别能力还不是很高，容易受到网络上舆情的影响，并容易被一些恶势力所利用，进而传播网上的谣言，甚至参与罢课、游行等活动，严重破坏了校园的正常秩序，甚至影响社会的稳定。

2.高校网络舆情的传播速度快

在网络时代，手机上网已经成为网民上网的主要载体。特别是在社交媒体迅速发展的背景下，新媒体已经成为高校大学生了解社会的主要工具和交流平台。媒体技术的发展加快了信息传播速度，致使高校舆情的形成显现即时化、碎片化、裂变式的特点，极大地促进了高校舆情的传播，甚至改变了人们对舆情处理所提出的"黄金24小时"规律。大学生群体对网络负面舆情的肆意传播，不仅会扰乱高校正常教育秩序、科研等活动，甚至会给高校带来经济上的损失，甚至会造成社会的混乱和恐慌。[5]

3.高校网络舆情载体的多元化

随着新媒体技术的不断发展，即博客、论坛、空间等社交平台出现之后，以微信、微博等为主的社交媒体迅速崛起，自媒体社交软件成为大学生交流的主要工

图 7 - 31　锚点链接跳转效果

课后习题

制作"全民健身"导航链接

知识要点：使用【属性】面板，设置不同链接内容；使用"页面属性"命令，设置链接(CSS)样式。

第 7 章习题详解

第8章　表单

学习导航

在浏览网页过程中,常会遇到要求提供某些信息的页面,比如注册时要求填写个人信息、发表评论等,这些就是表单页面,通过表单提交数据在网站中应用非常频繁。本章主要讲解表单、表单对象,包括文本域、密码域、按钮、选择域、文件域、单选按钮、复选框等,以及HTML5表单元素等内容,以便学会在 Dreamweaver CC 中使用表单元素制作网页。

知识要点	学习难度
认识网页中的表单	★
掌握创建表单的方法	★★
掌握创建不同表单对象	★★★★
掌握 HTML5 表单元素	★★★

8.1　关于表单

随着网络的发展,用户已不满足于单纯地浏览页面,而是希望能实现与网页的互动,参与到网页活动中来。而表单是最基本、最简单的实现用户和网页交流的工具之一。Dreamweaver 中可通过创建文本域、密码域、单选按钮、复选框、弹出菜单、按钮及其他输入类型的表单实现用户与网页的交互,这些输入控件称为表单对象。最常用的表单设计页面就是用户登录或者注册页面,如图8-1所示。

8.1.1　认识表单

表单是访问者同服务器进行信息交流的重要工具。当访问者将信息输入表单并"提交"时,这些信息将发送至服务器,然后由服务器端脚本或者应用程序进行信息处理,在服务器处理完成后,再反馈给访问者。

一个完整的表单设计应分为两个部分:表单对象部分和应用程序部分,即 HTML 代码和程序。它们分别由网页设计师和程序设计师设计完成,其中 HTML 代码主要用来生成表单的可视化界面,程序主要用来负责对表单所包含的信息进行解释或处理,把数据提交到数据库,再从数据库把数据读取出来。其过程为:首先由网页设计师制作一个可让浏览者输入

图 8-1　表单　　　　　图 8-2　表单元素　　　图 8-3　表单元素

各项资料的表单页面,这部分内容可在显示器上看到,此时的表单只是一个外壳,不具备真正工作的能力,需后台程序的支持;然后由程序设计师通过 ASP 或 CGI 程序编写表单资料、反馈信息等,这部分内容浏览者虽看不见,却是表单处理的核心。本书对表单的介绍只涉及界面设计部分。

在 Dreamweaver CC 中,表单使用<form></form>标记来创建,在<form></form>标记范围内的都属于表单内容。在页面中,可以插入多个表单,但是不可以像表格一样嵌套表单。<form></form>标记具有 action、method 和 target 属性。

8.1.2　认识表单对象

每个表单都是由一个表单域和若干个表单元素组成的,这些表单元素较常见的有文本域、密码域、文本区域、按钮、单选按钮、复选框、选择域、文件域等,如图 8-2、图 8-3 所示。

- 【表单】:用于在文档中插入一个表单域。浏览者要提交给服务器的数据信息必须放在表单里,只有这样,数据才能被正确地处理。
- 【文本】:用于在表单中插入文本域。文本域可以接受任何类型的字母或数字项。
- 【密码】:用于在表单中插入密码域。密码域可以接受任何类型的文本、字母与数字内容,以密码域方式显示的时候,输入的文本都会以星号或项目符号的方式显示,这样可以避免其他的用户看到这些文本信息。
- 【文本区域】:用于在表单中插入一个多行文本区域。
- 【按钮】:用于在表单中插入一个普通按钮。该按钮用于向表单处理程序提交表单域中所填写的内容。

- 【"提交"按钮】:用于在表单中插入一个提交按钮,该按钮用于向表单处理程序提交表单域中所填写的内容。
- 【"重置"按钮】:用于在表单中插入一个重置按钮,该按钮会将所有表单字段重置为初始值。
- 【文件】:用于在文档中插入空白文本域与"浏览"按钮。用户使用文件域可浏览硬盘上的文件,并将这些文件作为表单数据上传。
- 【图像按钮】:用于在表单中插入一个可放置图像的区域。放置的图像用于生成图形化的按钮,例如"提交"或"重置"按钮。
- 【隐藏】:用于在文档中插入一个可存储用户数据的域,如姓名、电子邮件地址或常用的查看方式,并在该用户下次访问此站点时使用这些数据。
- 【选择】:用于在表单中插入列表或菜单。"列表"选项在一个滚动列表中显示选项值,浏览者可从该滚动列表中选择多个选项。"菜单"选项则是在一个菜单中显示选项值,浏览者只能从中选择某个选项。
- 【单选按钮】:用于在表单中插入单选按钮。单选按钮代表互相排斥的选择,在某单选按钮组(由两个或多个共享同一名称的按钮组成)中选择了一个按钮,就会取消选择该组中的其他按钮。
- 【单选按钮组】:用于插入共享同一名称的单选按钮的集合。
- 【复选框】:用于在表单中插入复选框。复选框允许在一组选项中选择多个选项,浏览者可任意选择多个适用的选项。
- 【复选框组】:用于在表单中插入一组复选框。
- 【域集】:用于在表单插入一个域集<fieldset>标签。<fieldset>标签将表单中的相关元素分组,当一组表单元素放到<fieldset>标签内时,浏览器会以特殊方式来显示它们。
- 【标签】:用于在表单中插入<label>标签。<label>标签的 for 属性应该等于相关元素的 id 元素,以便将它们捆绑起来。

8.2 创建表单

表单域是非常重要的表单对象,所有其他的表单对象都必须插入到表单域,才能起作用。因此制作表单页面的第一步是插入表单域。

8.2.1 插入表单

新建一个空白网页文档,将光标置于需要插入表单的位置,选择"插入">"表单">"表单"命令(或选择【插入】面板的表单选项卡,单击"表单"按钮 ▦),即可在页面中插入表单区域,插入的表单如图 8-4 所示,表单周围出现红色虚线框。

图 8‑4　插入表单

8.2.2　设置表单属性

在网页文档中插入表单之后,即可在软件窗口下方打开【属性】面板,表单的【属性】面板如图 8‑5 所示。可以单击红色虚线框,表示将表单选定,再通过【属性】面板对表单的相关属性进行修改。

图 8‑5　设置表单属性

- 【表单 ID】:在其中设置表单的唯一名称。页面中插入的第一个表单默认为 form1,第二个表单为 form2,以此类推。
- 【Action】:指定处理该表单的动态页或脚本路径。可以在文本框中输入,也可以单击右边的浏览文件夹按钮来定位到包含该脚本或应用程序页的文件夹。
- 【Method】:可以选择传送表单数据的方式。其中 GET 方法传输速度快但传递的数据量少,而 POST 方法可传递大量数据但传输的速度相对较慢。POST 方法在数据保密方面做得很好,因此,一般情况下使用 POST 方法。
- 【Target】:该下拉列表框用来设置表单被处理后,反馈网页打开的方式,有 blank、parent、self、top 4 个选项,默认是在原窗口中打开。
- 【Enctype】:可以设置发送数据的 MIME 编码类型,在一般情况下应该选择 application/x-www-form-urlencoded。
- 【Class】:可以在下拉列表框中选择需要的表单样式。

8.3　创建表单对象

8.3.1　文本域

将光标插入表单域红色虚线框内,定位在准备插入文本域的位置,选择"插入">"表单">"文本"命令(或选择【插入】面板的表单选项卡,单击"文本"按钮 ▣),在文档窗口的表单中出现一个单行文本。输入对应的文字内容,如"用户名",如图8-6所示。

图 8 - 6　添加文本元素

(图片来源:网址　https://new.qq.com/rain/a/20210904A07MXX00)

文本域的【属性】面板如图8-7所示。

图 8 - 7　文本元素的【属性】面板

- 【Name】:在该文本框中可以为文本域指定一个名称。每个文本域都必须有一个唯一的名称,所选名称必须在表单内有一个唯一的名称,所选名称必须在表单内唯一标识该文本域。
- 【Size】:指定文本字段的宽度。
- 【Max Length】:指定在该文本域中最多可输入的字符个数。这个值将定义文本字段的大小,如果"最多字符数"大于"字符宽度",那么多余宽度的字符不被显示。
- 【Value】:设置文本域初次载入时所显示的内容。
- 【Title】:该选项用于设置文本域的提示标题文字。
- 【Place Holder】:该属性为 HTML5 新增的表单属性,用于设置文本域预期值的提示信息,该提示信息会在文本域为空时显示,并会在文本域获得焦点时消失。

- 【Disabled】：选中该复选框，表示禁用该文本域，被禁用的文本域既不可用，也不可单击。
- 【Auto Focus】：该属性为 HTML5 新增的表单属性，选中该复选框，表示当网页被加载时，该文本域自动获得焦点。
- 【Required】：该属性为 HTML5 新增的表单属性，选中该复选框，表示在提交表单之前必须填写该文本域。
- 【Read Only】：选中该复选框，表示该文本域为只读，不能对该文本域中的内容进行修改。
- 【Auto Complete】：该属性为 HTML5 新增的表单属性，选中该复选框，表示该文本域启动自动完成功能。
- 【Form】：该属性用于设置与该表单元素相关联的表单标签的 ID，可以在该选项后的下拉列表中选择网页中已经存在的表单域标签。
- 【Pattern】：该属性为 HTML5 新增的表单属性，用于设置文本域值的模式或格式。例如"pattern＝[0－9]"，表示输入值必须是 0 到 9 的数字。
- 【List】：该属性是 HTML5 新增的表单属性，用于设置引用数据列表，其中包含文本域的预定义选项。

8.3.2　密码域

密码域与文本域的形式是一样的，只是在密码域中输入的内容会以星号或以圆点的方式显示。在 Dreamweaver CC 中将密码域单独作为一个表单元素，用户只需选择"插入"＞"表单"＞"密码"命令（或选择【插入】面板的表单选项卡，单击"密码"按钮），即可在网页中插入密码域，如图 8-8 所示。

图 8-8　添加密码元素

（图片来源：网址　https://new.qq.com/rain/a/20210904A07MXX00）

密码域【属性】面板如图 8-9 所示,其设置与文本域中的属性设置相同,就不过多赘述。

图 8-9 密码元素的【属性】面板

8.3.3 文本区域

文本区域即多行文本域。多行文本域为用户提供一个较大的区域,供其输入相应内容。一般应用于需要输入大量文字的地方,如留言板等。可以指定最多输入的行数及字符宽度。如果输入的文本超过这些设置,则该域将按照换行属性中指定的设置进行滚动。

将光标插入表单域红色虚线框内,定位在准备插入文本区域的位置,选择“插入”>“表单”>“文本区域”命令(或选择【插入】面板的表单选项卡,单击“文本区域”按钮),在文档窗口的表单中出现一个文本区域,如图 8-10 所示。输入对应的文字内容,如“***APP客户服务协议”等,如图 8-11 所示。

图 8-10 添加文本区域元素

文本区域的【属性】面板如图 8-12 所示。

- 【Rows】:该属性用于设置文本区域的可见高度,以行计数。
- 【Cols】:该属性用于设置文本区域的字符宽度。
- 【Wrap】:通常情况下,当用户在文本区域中输入文本后,浏览器会将它们按照输入时的状态发送给服务器。只有用户按下 Enter 键的地方生成换行。如果希望启动自动换行功能,可以将 Wrap 属性设置为 virtual 或 physical。当用户输入的一行文本长

图 8‑11　文本区域网页效果

图 8‑12　文本区域的【属性】面板

于文本区域的宽度时,浏览器会自动将多余的文字挪到下一行。

- 【Value】:该属性用于设置文本区域的初始值,可以在该选项后的文本框中输入相应的内容。

8.3.4　按钮

按钮的作用是当用户单击后,执行一定的任务。一般情况下,表单中设有提交按钮、重置按钮和普通按钮等,浏览者在网上申请账号、邮箱、会员注册时会见到。Dreamweaver CC将按钮分为 3 种类型,即按钮、提交按钮和重置按钮。其中,按钮元素需要用户指定单击该按钮时要执行的操作,例如添加一个 JavaScript 脚本,使得浏览者单击该按钮时打开另一个页面。

将光标插入表单域红色虚线框内,定位在准备插入按钮的位置,选择"插入">"表单">"按钮"命令(或选择【插入】面板的表单选项卡,单击"按钮"按钮⬭),在文档窗口的表单中出现一个按钮,如图 8‑13 所示。

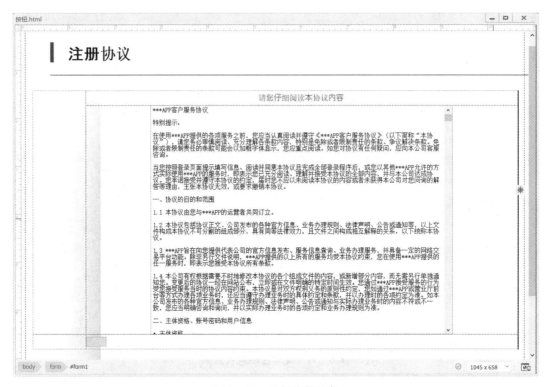

图 8‑13　添加按钮元素

按钮的【属性】面板如图 8‑14 所示。

图 8‑14　按钮元素的【属性】面板

- 【Name】：给按钮命名，默认为【button】。
- 【Value】：设置显示在按钮上的文本，如"同意""按钮""确定"等。

在"Value"中输入对应的文字内容，如"同意此服务协议""不同意此服务协议"，如图 8‑15 所示。保存文档，按 F12 键预览效果，如图 8‑16 所示。

图 8‑15　使用【属性】面板设置值

8.3.5　选择域

选择域的功能与复选框和单选按钮的功能差不多，都可以列举出很多选项供用户选择，

图 8‑16　按钮元素网页效果

其最大的好处就是可以在有限的空间内为用户提供更多的选项,非常节省版面。其中一种是单击时产生展开效果的下拉菜单,默认仅显示一个项,该项为活动选项;另一种则是一个列有项目的可滚动列表,使浏览者可以从该列表中选择项目,并进行多重选择,称为滚动列表。

将光标插入表单域红色虚线框内,定位在准备插入选择域的位置,选择"插入">"表单">"选择"命令(或选择【插入】面板的表单选项卡,单击"选择"按钮),在文档窗口的表单中出现一个选择域,如图 8‑17 所示。

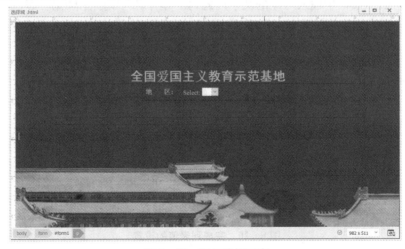

图 8‑17　添加选择元素

(图片来源:学习强国网址　https://www.xuexi.cn/2027b6937e92f68f3c25f19a1f66a5e1/28ade60fa7932490f1a55c0b196a1651.html)

选择域的【属性】面板如图 8-18 所示。

图 8-18　选择元素的【属性】面板

- 【Name】:为选择域指定一个名称,并且该名称必须是唯一的。
- 【Size】:该属性规定下拉列表中可见选项的数目。如果 Size 属性的值大于 1,但是小于列表中选项的总数目,浏览器会显示出滚动条,表示可以查看更多选项。
- 【Selected】:当设置了多个列表值时,可以在该列表中选择某一些列表项作为选择域初始状态下所选中的选项。
- 【列表值】:点击该按钮将打开如图 8-19 所示的对话框。在该对话框中,默认有两个单选选项,可通过"＋/－"按钮添加或删除选择选项,通过单击▲按钮和▼按钮可以对单选选项重新排序。

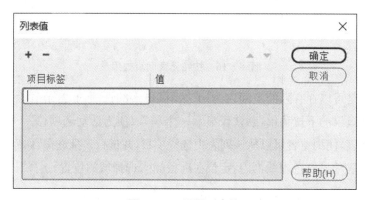

图 8-19　设置列表值

在"列表值"对话框中输入对应的文字内容,如"南京市""南京博物院"等,单击 ＋ 按钮,对"项目标签"和"值"进行添加,单击"确定"按钮,如图 8-20、图 8-21 所示。

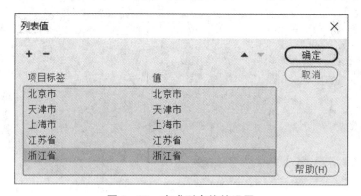

图 8-20　完成列表值的设置

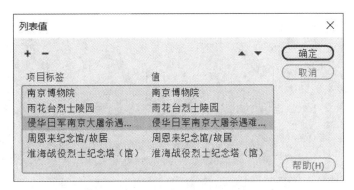

图 8‐21　完成列表值的设置

按 F12 键预览效果,如图 8‐22 所示。

图 8‐22　选择元素网页效果

(图片来源:学习强国网址　https://www.xuexi.cn/2027b6937e92f68f3c25f19a1f66a5e1/28ade60fa7932490f1a55c0b196a1651.html)

8.3.6　文件域

文件域是由一个文本框和一个显示"浏览"字样的按钮组成的,它的作用就是使访问者能浏览本地计算机上的某个文件,如 Word 文档、图像文件、压缩文件等,并将该文件作为表单数据上传。文件域的外观与文本字段类似,只是文件域多了一个"浏览"按钮。浏览者可手动输入要上传的文件的路径,也可使用"浏览"按钮定位并选择该文件。

将光标插入表单域红色虚线框内,定位在准备插入文件域的位置,选择"插入">"表单">"文件"命令(或选择【插入】面板的表单选项卡,单击"文件"按钮），在文档窗口的表单中出现一个文件域。输入对应的文字内容,如"上传留影",如图 8‐23 所示。单击"浏览"按钮则可打开"选择文件"对话框,用于选择要上传的目标文件。

文件域的【属性】面板如图 8‐24 所示。

- 【Multiple】:该属性为 HTML5 新增的表单属性,选中该复选框,表示该文件域可以接受多个值。

图 8-23 添加文件元素

（图片来源：学习强国网址 https://www.xuexi.cn/2027b6937e92f68f3c25f19a1f66a5e1/28ade60fa7932490f1a55c0b196a1651.html）

图 8-24 文件元素的【属性】面板

- 【Required】：该属性为 HTML5 新增的表单属性，选中该复选框，表示在提交表单之前必须设置相应的值。

8.3.7 图像按钮

普通的按钮有时不够美观，为了设计需要，常使用图像代替按钮。通常使用图像按钮来提交数据。

将光标插入表单域红色虚线框内，定位在准备插入图像按钮的位置，选择"插入">"表单">"图像按钮"命令（或选择【插入】面板的表单选项卡，单击"图像按钮" ），弹出"选择图像源文件"对话框中选择相应的图像，如图 8-25 所示。单击"确定"按钮，即可在光标所在位置插入图像域，如图 8-26 所示。

选中刚插入的图像按钮，【属性】面板如图 8-27 所示。

- 【Src】：用来显示该图像按钮所使用的图像地址。
- 【W】/【H】：设置图像按钮的宽和高。
- 【Form Action】：设置为按钮使用的图像。
- 【Form】：设置如何发送表单数据。
- 【编辑图像】：单击该按钮，将启动外部图像编辑软件对该图像域所使用的图像进行编辑。

图 8－25　选择图像

（图片来源：网址　https://mp.weixin.qq.com/s/DRuIefMIPGsKpWsa0m6NPA?）

图 8－26　添加图像按钮元素

（图片来源：网址　https://new.qq.com/rain/a/20210904A07MXX00）

图 8－27　图像按钮的【属性】面板

8.3.8　单选按钮/单选按钮组

如果一组选项只能选择其中一个选项，则需要使用单选按钮或单选按钮组。

　　将光标插入表单域红色虚线框内,定位在准备插入单选按钮的位置,选择"插入">"表单">"单选按钮"命令(或选择【插入】面板的表单选项卡,单击"单选按钮"按钮◉),在文档窗口的表单中出现一个单选按钮。输入对应的文字内容,如"1934 年 10 月至 1935 年 10 月",如图 8－28 所示。

图 8－28　添加"单选按钮/单选按钮组"元素

单选按钮的【属性】面板如图 8－29 所示。

图 8－29　单选按钮的【属性】面板

- 【Name】:为单选按钮指定一个名称。
- 【Checked】:用来设置在浏览器载入表单时,该单选按钮是处于选中的状态还是未选中的状态。如果选中该复选框,则该单选按钮默认为选中状态。
- 【Value】:设置在单选按钮被选中时发送给服务器的值。为了便于理解,一般将该值设置的内容与栏目内容意思相近。

　　也可采用单选按钮组来制作单选效果。将光标定位在准备使用单选按钮组的位置,选择"插入">"表单">"单选按钮组"命令(或选择【插入】面板的表单选项卡,单击"单选按钮组"按钮▤),打开"单选按钮组"对话框,如图 8－30 所示。默认有两个单选选项,可通过"＋/－"按钮添加或删除选择选项,通过单击▲按钮和▼按钮可以对单选选项重新排序,输入对应的文字内容,如"1934 年 10 月至 1935 年 10 月"等,如图 8－31 所示。

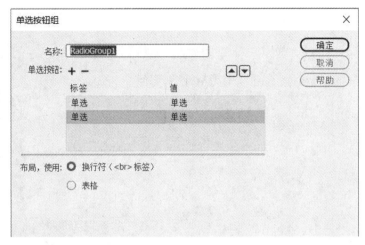

图 8‑30　设置单选按钮值

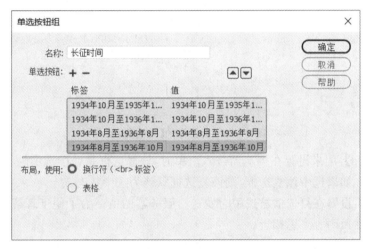

图 8‑31　完成单选按钮值的设置

8.3.9　复选框/复选框组

复选框是浏览者在网页中对一组选项进行多个选择时使用的对象,可以使访问者同时选择多个选项,完成复选操作的基础控件。

将光标插入表单域红色虚线框内,定位在准备插入复选框的位置,选择"插入">"表单">"复选框"命令(或选择【插入】面板的表单选项卡,单击"复选框"按钮 ☑),在文档窗口的表单中出现一个复选框。输入对应的文字内容,如"工匠精神",如图 8‑32 所示。

复选框的【属性】面板如图 8‑33 所示。

- 【Name】:为复选框指定一个名称。一个实际的栏目中会拥有多个复选框,每个复选框都必须有一个唯一的名称,所选名称必须在该表单内唯一标识该复选框,并且名称中不能包含空格或特殊字符。

图 8 - 32　添加"复选框/复选框组"元素

（图片来源：网址　https://mp. weixin. qq. com/s/DRuIefMIPGsKpWsa0m6NPA?）

图 8 - 33　复选框的【属性】面板

- 【Checked】：用来设置在浏览器载入表单时，该复选框是处于选中的状态还是未选中的状态。如果选中该复选框，则该复选框默认为选中状态。

- 【Value】：设置在复选框被选中时发送给服务器的值。为了便于理解，一般将该值设置的与栏目内容意思相近。

使用复选框时，只能逐个插入，而复选框组一次能输入所有的选项，非常方便。复选框组操作：将光标定位在准备使用复选框组的位置，选择"插入"＞"表单"＞"复选框组"命令（或选择【插入】面板的表单选项卡，单击"复选框组"按钮 图 ），打开"复选框组"对话框，如图 8 - 34 所示。默认有两个复选框选项，可通过"＋/－"按钮添加或删除选择选项，通过单击 ▲ 按钮和 ▼ 按钮可以对单选选项重新排序，输入对应的文字内容，如"工匠精神"等，如图 8 - 35 所示。

8.3.10　"提交"按钮和"重置"按钮

提交按钮的作用是，在用户单击该按钮时将表单数据内容提交到表单域的 Action 属性中指定的处理程序中进行处理。

若要在表单域中插入提交按钮，将光标插入表单域红色虚线框内，定位在准备插入提交按钮的位置，选择"插入"＞"表单"＞"提交按钮"命令（或选择【插入】面板的表单选项卡，单击"提交按钮"按钮 ☑ ），在文档窗口的表单中出现一个提交按钮，如图 8 - 36 所示。

图 8 - 34　设置复选框值

图 8 - 35　完成复选框值的设置

图 8 - 36　添加"提交"按钮和"重置"按钮元素

（图片来源：网址　https://mp.weixin.qq.com/s/DRuIefMIPGsKpWsa0m6NPA?）

按钮的【属性】面板如图 8-37 所示,可以进行相关设置,此处不再赘述。

图 8-37   提交按钮的【属性】面板

重复上述操作再次添加一个"重置按钮"，保存文档,按 F12 键预览效果,如图 8-38 所示。

图 8-38   "提交"按钮和"重置"按钮网页效果

(图片来源:网址   https://mp. weixin. qq. com/s/DRuIefMIPGsKpWsa0m6NPA?)

小贴士:

单选按钮组中的所有单选按钮必须具有相同的名称,并且名称中不能包含空格或特殊字符。

8.4   HTML5 表单元素

为了适应 HTML5 的发展,在 Dreamweaver CC 中新增了许多全新的 HTML5 表单元素。HTML5 不但增加了一系列功能性的表单、表单元素和表单特性,还增加了自动验证表单的功能。

8.4.1   电子邮件

新增的电子邮件表单元素是专门为输入 E-mail 地址而定义的文本框,主要为了验证输入的文本是否符合 E-mail 地址的格式,并会提示验证错误。

将光标插入表单域红色虚线框内,定位在准备插入电子邮件的位置,选择"插入">"表单">"电子邮件"命令(或选择【插入】面板的表单选项卡,单击"电子邮件"按钮），在文档窗口的表单中出现一个电子邮件。输入对应的文字内容,如"电子邮件",如图 8-39 所示。删除英文"E-mail",保存文档,按 F12 键预览效果,如图 8-40 所示。

图 8-39　添加电子邮件元素

图 8-40　电子邮件元素网页效果

（图片来源:网址　http://graphicdesignjunction. com/2020/08/best-landing-page-templates/）

电子邮件的【属性】面板如图 8-41 所示,与前面所介绍的文本域的属性基本相同,此处不再赘述。

图 8-41　电子邮件元素的【属性】面板

8.4.2　Url

Url 表单元素是专门为输入的 Url 地址而进行定义的文本框,在验证输入的文本格式时,如果该文本框中的内容不符合的 Url 地址格式,会提示验证错误。

将光标插入表单域红色虚线框内,定位在准备插入 Url 文本域的位置,选择"插入"＞"表单"＞"Url"命令(或选择【插入】面板的表单选项卡,单击"Url"按钮),在文档窗口的表单中出现一个 Url 文本域。输入对应的文字内容,如"收藏网址",删除英文"Url",如图 8-42 所示。

8.4.3　Tel

Tel 表单元素是专门为输入电话号码而定义的文本框,没有特殊的验证规则。

将光标插入表单域红色虚线框内,定位在准备插入 Tel 文本域的位置,选择"插入"＞"表单"＞"Tel"命令(或选择【插入】面板的表单选项卡,单击"Tel"按钮),在文档窗口的表单中出现一个 Tel 文本域。输入对应的文字内容,如"电话",删除英文"Tel",如图 8-43 所示。

图 8-42 Url 元素网页效果

图 8-43 Tel 元素网页效果

（图片来源：网址 http://graphicdesignjunction.com/2020/08/best-landing-page-templates/）

8.4.4 搜索

搜索表单元素是专门为输入搜索引擎关键词而定义的文本框，没有特殊的验证规则。

将光标插入表单域红色虚线框内，定位在准备插入搜索文本域的位置，选择"插入">"表单">"搜索"命令（或选择【插入】面板的表单选项卡，单击"搜索"按钮 ），在文档窗口的表单中出现一个搜索文本域。输入对应的文字内容，如"搜索基地"，删除英文"Search"，如图 8-44 所示。

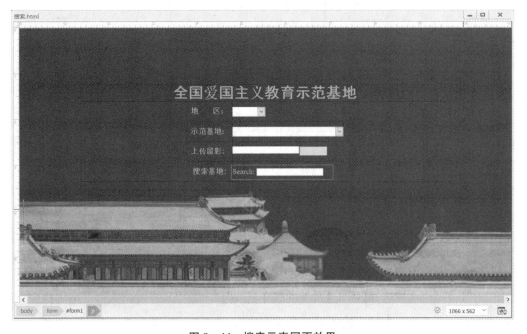

图 8-44 搜索元素网页效果

（图片来源：学习强国网址 https://www.xuexi.cn/2027b6937e92f68f3c25f19a1f66a5e1/28ade60fa7932490f1a55c0b196a1651.html）

8.4.5　数字

数字表单元素是专门为输入特定的数字而定义的文本框，具有 min、max 和 step 特性，表示允许范围的最小值、最大值和调整步长。

将光标插入表单域红色虚线框内，定位在准备插入数字文本域的位置，选择"插入"＞"表单"＞"数字"命令（或选择【插入】面板的表单选项卡，单击"数字"按钮），在文档窗口的表单中出现一个数字文本域，如图 8－45 所示。

图 8－45　添加数字元素

（图片来源：网址　http://www.artdesign.org.cn/article/view/id/50709）

在数字的【属性】面板中设置相关属性，如图 8－46 所示。在"数字"文本框中插入"提交"按钮，设置完成后保存文档，按 F12 键预览页面，当输入的数字不在 1~10 的范围内时，单击"提交"按钮，效果如图 8－47 所示。

图 8－46　数字元素的【属性】面板

8.4.6　范围

范围表单元素是将输入框显示为滑动条，并作为某一特定范围内的数值选择器。和数字表单元素一样具有 min 和 max 特性，表示选择范围的最小值（默认为 0）和最大值（默认为 100），也具有 step 特性，表示拖动步长（默认为 1）。

将光标插入表单域红色虚线框内，定位在准备插入范围文本域的位置，选择"插入"＞

图 8 - 47　数字元素网页效果

（图片来源：网址　http://www.artdesign.org.cn/article/view/id/50709）

"表单">"范围"命令（或选择【插入】面板的表单选项卡，单击"范围"按钮 1...2 ），在文档窗口的表单中出现一个范围文本域，如图 8 - 48 所示。

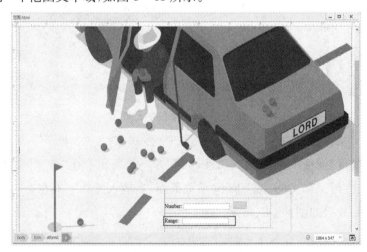

图 8 - 48　添加范围元素

（图片来源：网址　http://www.artdesign.org.cn/article/view/id/50709）

　　在范围的【属性】面板中设置相关属性，如图 8 - 49 所示。设置完成后保存文档，按 F12 键预览页面，可以看到范围表单元素的效果，可以通过滑动条设置范围表单元素，效果如图 8 - 50 所示。

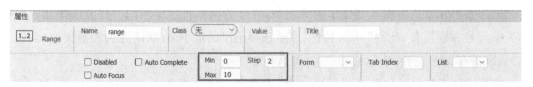

图 8 - 49　范围元素的【属性】面板

图 8-50　范围元素网页效果

（图片来源：网址　http://www.artdesign.org.cn/article/view/id/50709）

8.4.7　颜色

颜色表单元素在网页中默认提供一个颜色选择器。将光标插入表单域红色虚线框内，定位在准备插入颜色文本域的位置，选择"插入"＞"表单"＞"颜色"命令（或选择【插入】面板的表单选项卡，单击"颜色"按钮 ▦ ），在文档窗口的表单中出现一个颜色文本域，如图 8-51 所示。

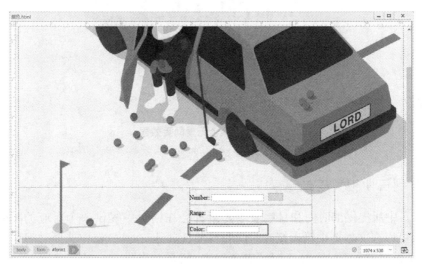

图 8-51　添加颜色元素

（图片来源：网址　http://www.artdesign.org.cn/article/view/id/50709）

保存文档，在 Chrome 浏览器中预览页面，可以看到颜色表单元素的效果，单击颜色表单元素的色块，打开"颜色"对话框，可以选择颜色，如图 8-52 所示。选中颜色后如图 8-53 所示。

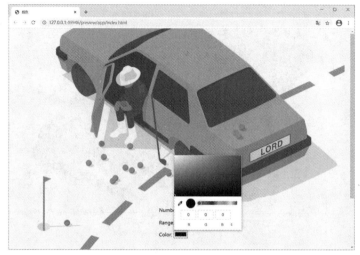

图 8‐52　颜色元素网页效果

（图片来源：网址　http://www.artdesign.org.cn/article/view/id/50709）

图 8‐53　颜色元素网页效果

（图片来源：网址　http://www.artdesign.org.cn/article/view/id/50709）

8.4.8　时间日期相关表单元素

HTML5 中所提供的时间和日期表单元素都会在网页中提供一个对应的时间选择器，在网页中既可以在文本框中输入精确时间和日期，也可以在选择器中选择时间和日期。

在 Dreamweaver CC 中，插入"月"表单元素，网页会提供一个月选择器；插入"周"表单元素，网页会提供一个周选择器；插入"日期"表单元素，网页会提供一个日期选择器；插入"时间"表单元素，网页会提供一个时间选择器；插入"日期时间"表单元素，网页会提供一个完整的日期和时间（包含时区）选择器；插入"日期时间（当地）"表单元素，网页会提供一个完整的日期和时间（不包含时区）选择器。

将光标插入表单域红色虚线框内,定位在准备插入时间日期的位置,选择"插入">"表单">"月""周""日期""时间""日期和时间"命令(或选择【插入】面板的表单选项卡,单击"月""周""日期""时间""日期和时间"按钮,如图 8-54 所示),在文档窗口的表单中出现各种时间和日期的文本域,如图 8-55 所示。

图 8-54 选择命令

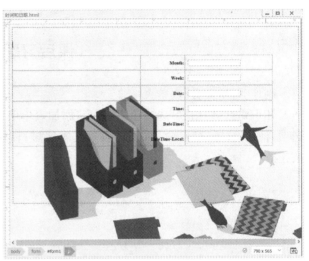

图 8-55 添加时间日期元素

(图片来源:网址 http://www.artdesign.org.cn/article/view/id/50709)

在 Chrome 浏览器中预览页面,可以看到 HTML5 中时间和日期表单元素的效果,可以通过在文本框中输入时间和日期或者不同类型的时间和日期选择器中选择时间和日期,如图 8-56 所示。

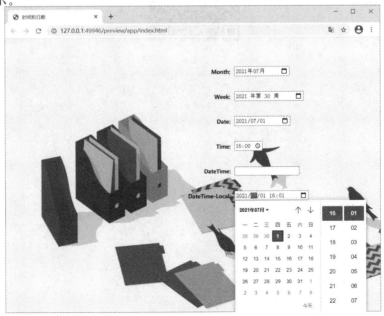

图 8-56 时间日期元素网页效果

(图片来源:网址 http://www.artdesign.org.cn/article/view/id/50709)

小贴士：

　　IE11 浏览器目前对 HTML5 新增的日期相关的表单元素还不支持，这里使用 Chrome 浏览器预览网页，可以看到网页中日期相关表单元素的效果。如果使用 IE11 浏览器预览，则日期相关表单元素在网页中显示为空白的文本域。

课后习题

制作"科学健身"表单页

　　知识要点：使用"单选按钮组"命令，添加表单单选选项；使用"复选框组"命令，表单多选选项；使用"文本区域"命令，添加表单文本区域；使用"提交"和"重置"按钮命令，添加对应按钮。

第 8 章习题详解

第 9 章　模板与库

学习导航

在创建网站的多个网页的时候,通常可以将多个网页的共同部分创建为一个模板,然后供多个网页调用,以实现网页代码的重复利用。也可以把局部重复出现的内容做成库文件,以便于反复多次调用。本章主要讲解模板和库的作用,模板的定义、创建、管理等内容,并在网站制作过程中熟练应用。

知识要点	学习难度
了解模板	★
掌握模板的创建	★★★
掌握模板的管理	★★★
掌握库的创建、应用与编辑	★★

9.1　模板

模板是一种特殊类型的文档,用于设计布局比较“固定”的页面。可以创建基于模板的网页文件,利用它可以依次更新多个页面,达到统一页面的目的。

什么样的网站比较适合使用模板技术呢? 这其中有一定的规律。如果是一个网站布局比较统一,拥有相同的导航,并且显示不同栏目内容的位置基本保持不变,那么这种布局的网站就可以考虑使用模板来创建。将具有相同结构的页面制作成模板,通过模板批量制作这些页面,不仅可以大大提高工作效率,还能为后期网站的维护提供方便,同时也使整个网站具有统一的结构和外观。

作为一个模板,Dreamweaver CC 会自动锁定文档中的大部分区域。模板设计者可以定义基于模板的页面中哪些区域是可编辑的,用户只能在可编辑区域中进行修改,锁定区域则无法进行任何操作。

Dreamweaver CC 中共有 4 种类型的模板区域。

1. 可编辑区域

它是基于模板的文档中的未锁定区域,是模板用户可以编辑的部分,模板设计者可以将模板的任何区域指定为可编辑的。要让模板生效,它应该至少包含一个可编辑区域,否则,将无法编辑基于该模板的页面。

2. 重复区域

它是文档中设置为重复的布局部分。例如,可以设置重复一个表格行。通常重复区域是可编辑的,这样模板用户可以编辑重复元素的内容,同时使设计本身处于模板设计者的控制之下。在基于模板的文档中,模板设计者可以根据需要,使用重复区域控制选项添加或删除重复区域的副本,可在模板中插入两种类型的重复区域,即重复区域和重复表格。

3. 可选区域

它是在模板中指定为可选的部分,用于保存有可能在基于模板的文档中出现的内容,如可选文本或图像。在基于模板的页面上,模板用户通常控制是否显示内容。

4. 可编辑标签属性

在模板中解锁标签属性,以便该属性可以在基于模板的页面中编辑。

9.2 创建模板

在 Dreamweaver CC 中,常用的创建模板文档的方法有两种:一种是新建空白模板文档,然后像制作普通网页一样制作和编辑模板内容;还有一种是将已经制作好的普通网页转换为模板。当用户创建模板之后,Dreamweaver 会自动把模板存储在站点的本地根目录下的"Templates"子文件夹中,使用文件扩展名为.dwt。如果此文件夹不存在,当存储一个新模板时,Dreamweaver CC 将自动生成此子文件夹。

9.2.1 创建空白模板

1. 方法一:在 Dreamweaver 中可以直接创建新的网页模板,选择"文件">"新建"命令,打开"新建文档"对话框,在"文档类型"列表框中,选择"HTML 模板"选项,"布局"选择"无",单击"创建"按钮,如图 9-1 所示。

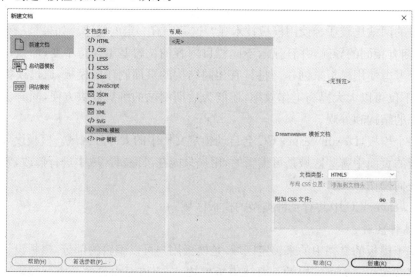

图 9-1　菜单创建模板

2. 方法二：选择【资源】面板的模板选项卡 ，此时列表为模板列表，如图 9–2 所示。然后单击下方的"新建模板"按钮 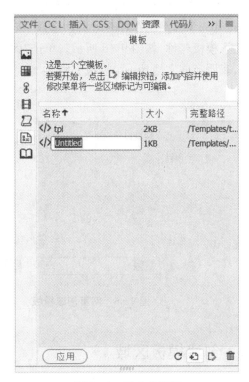，创建空模板，此时新的模板添加到【资源】面板的"模板"列表中，为该模板输入名称，如图 9–3 所示。

图 9–2　【资源】面板创建模板　　　　　　图 9–3　重命名模板

选择"文件">"另存为模板"命令，弹出"此模板不含有任何可编辑区域"警告对话框，单击"确定"按钮，如图 9–4 所示。弹出"另存模板"对话框，在"站点"下拉列表框中，选择准备使用的站点，在"另存为"文本框中，输入准备使用的模板名称，如 tpl，单击"保存"按钮，如图 9–5 所示。

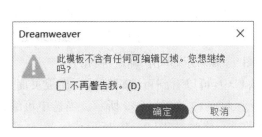

图 9–4　保存模板

图 9–5　保存模板

9.2.2　基于网页创建模板

在实际的网页制作过程中,也可以将网站中已经存在的某个网页另存为模板,然后再利用该模板制作与其结构相同的其他网页。

打开一个已经制作好的网页。选择"文件">"另存为模板"命令,打开"另存模板"对话框,输入模板名称,如图 9-6 所示。单击"保存"按钮,当前文档的扩展名为.dwt,如图 9-7 所示,表明当前文档是一个模板文档。

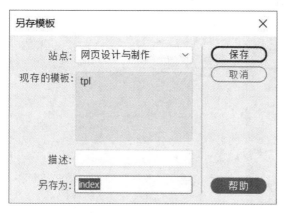

图 9-6　网页创建模板　　　　　　　　　**图 9-7　网页创建模板**

9.3　创建模板区域

9.3.1　可编辑区域

在 Dreamweaver 中,一开始定义的模板是不可编辑的,需要在制作模板时进行设定才能进行编辑。在模板中有两种类型的区域:可编辑区域和不可编辑区域。在默认情况下,模板为不可编辑区域,即其中的内容均标记为不可编辑。在创建模板之后,用户需要根据自己的具体要求对模板中的内容进行编辑,即指定哪些内容可以编辑(可以更改),哪些内容不能编辑。要让模板生效,它应该至少包含一个可编辑区域,否则该模板的页面将无法编辑。

注意在插入可编辑区域之前,应该将正在其中工作的文档另存为模板。

在模板中,选择要设置为可编辑区域的部分,选择"插入">"模板">"可编辑区域"命令(或选择【插入】面板的模板选项卡,单击"可编辑区域"按钮 ），打开"新建可编辑区域"对话框,在"名称"文本框中输入该区域的名称,如图 9-8 所示,单击"确定"按钮。

可编辑区域即被插入搭配模板中,在文档窗口中,可以看到可编辑区域在模板页面中,由高亮显示的矩形边框围绕,区域左上角显示该区域名称,如图 9-9 所示。当选中可编辑区域后,在【属性】面板中,用户可以对名称等参数进行修改,如图 9-10 所示。

创建可编辑区域后,如果需要删除,可先单击文档中可编辑区域左上角的名称,选定可编辑区域,按"Delete"键即可将选中的可编辑区域删除。使用相同的方法,也可在模板页面

图 9‑8　新建可编辑区域

图 9‑9　可编辑区域示意图

图 9‑10　可编辑区域的【属性】面板

中的其他需要插入可编辑区域的位置插入可编辑区域。

9.3.2　可选区域

用户可以显示或隐藏可选区域,在这些区域中用户无法编辑其内容,可以设置该区域在所创建的基于模板的页面中是否可见。

在模板中,选择要设置为可选区域的部分,选择"插入">"模板">"可选区域"命令(或选择【插入】面板的模板选项卡,单击"可选区域"按钮),打开"新建可选区域"对话框,单击"高级"选项卡可以切换到高级选项设置,如图 9‑11、图 9‑12 所示,通常采用默认设置,单击"确定"按钮,完成"新建可选区域"对话框设置,在模板页面中定义可选区域,如图9-13所示。

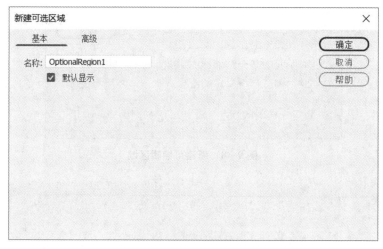

图9-11 新建可选区域

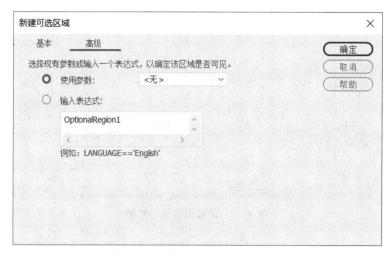

图9-12 新建可选区域高级选项

- 【名称】:在该文本框中输入可选区域的名称。
- 【默认显示】:选中该选项后,则该可选区域在默认情况下将在基于模板的页面中显示。
- 【使用参数】:选中该选项后,可以选择要将所选内容链接到现有的参数。如果要链接可选区域参数可以选中该单选按钮。
- 【输入表达式】:选中该选项后,在该文本框中可以输入表达式。如果要编写模板表达式来制作可选区域的显示可以选中该单选按钮。

9.3.3 重复区域

重复区域是可以根据需要在基于模板的页面中复制任意次数的模板部分。重复区域通常用于表格,但是也可以为其他页面元素定义重复区域。

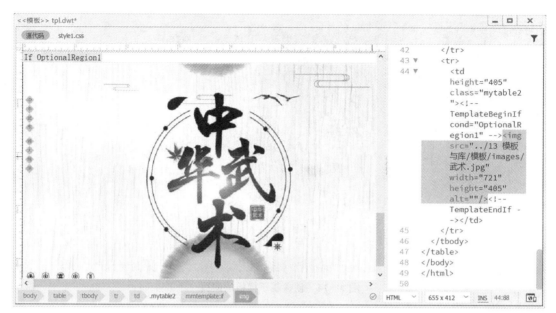

图 9 - 13　创建重复区域

(图片来源:学习强国网址　https://www.xuexi.cn/b884e31b7d558e7fb075272657f4af1f/5eafb8ec0c14546bfec2756e4f180421.html)

　　使用重复区域,用户可以通过重复特定项目来控制页面布局,例如目录项,说明布局或者重复数据行(如项目列表)。重复区域是不可编辑区域,如果需要使重复区域中的内容可编辑,必须在重复区域内插入可编辑区域。

9.4　创建基于模板的网页

　　创建并设置模板后,即可应用模板快速批量地做出同一风格的页面。应用模板制作网页有两种方法:一种是从模板新建一个网页;另一种是将模板应用到已存在的网页中。

9.4.1　利用模板新建网页

　　选择"文件">"新建"命令,打开"新建文档"对话框,选择"网站模板"选项卡。在列表框中,选择模板所在的站点,选择准备使用的模板,单击"创建"按钮,这样即可完成新建基于模板的页面的操作,如图 9 - 14 所示。

　　在此页面中,只有模板的可编辑区域是可以进行编辑的,可编辑区域之外的区域均被锁定。在可编辑区域输入内容后,保存网页即可,如图 9 - 15 所示。

9.4.2　在网页中应用模板

　　在 Dreamweaver CC 中,可以通过【资源】面板功能在现有文档上应用已创建好的模板。【资源】面板主要用于对网站中的资源进行分类管理,这些资源包括图像、颜色、链接地址、动画、库和模板等。由于【资源】面板中显示的是当前站点中的资源,所以在使用【资源】面板前,应先将当前站点设置为目标站点,然后就可以创建网页了。

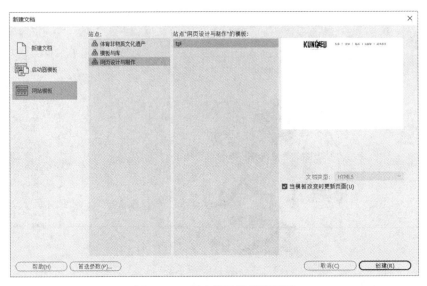

图 9 - 14　创建基于模板的网页

图 9 - 15　创建基于模板的网页

图 9 - 16　【资源】面板中的模板

（图片来源：学习强国网址　https://www.xuexi.cn/b88
4e31b7d558e7fb075272657f4af1f/5eafb8ec0c14546bfec
2756e4f180421.html）

　　在文档窗口中打开需要应用模板的文档，选择"窗口"＞"资源"菜单命令，打开【资源】面板，单击"模板"按钮，【资源】面板将变成模板样式。在其中选择要应用的模板文件，然后单击左下角的"应用"按钮，如图 9 - 16 所示，或直接拖拽模板至网页文档中，即可应用模板。

　　分别制作基于模板的不同页面，如"index.html""tai.html"，保存文档，按 F12 键预览效果,分别如图 9-17、图 9-18 所示。

图 9-17 模板网页效果

(图片来源:学习强国网址 https://www.xuexi.cn/b884e
31b7d558e7fb075272657f4af1f/5eafb8ec0c145
46bfec2756e4f180421.html

武术 1 https://baijiahao.baidu.com/s? id=1621
626956324822794&wfr=spider&for=pc

武术 7 https://www.sohu.com/a/260268735_
100213638)

图 9-18 模板网页效果

(图片来源:学习强国网址 https://www.xuexi.cn
/b884e31b7d558e7fb075272657f4af1f/
5eafb8ec0c14546bfec2756e4f180421.html

网址 https://www.sohu.com/a/469
423652_121124661)

9.4.3 分离模板网页

用模板设计网页时,模板有很多锁定区域(即不可模板区域)。为了能够修改基于模板的页面中的锁定区域和可编辑区域内容,必须将页面从模板中分离出来。当页面被分离后,它将成为一个普通的文档,不再具有可编辑区域或锁定区域,也不再与任何模板相关联。因此,当文档模板被更新时,文档页面也不会随之更新。

打开想要分离的基于模板的文档,选择"工具">"模板">"从模板中分离"命令,文档被从模板分离,所有模板代码都被删除。从模板中分离出的网页将不再受可编辑区域的约束,

图 9－19　分离模板网页

(图片来源:学习强国网址　https://www.xuexi.cn/b884e31b7d558e7fb075272657f4af1f/5eafb8ec0c14546bfec2756e4f180421.html)

不可编辑区域将自动变为可编辑区域,如图 9－19 所示,logo 可以被选中编辑。

9.5　管理模板

9.5.1　更新模板页面

在调整网页模板时,会提示是否更新基于该模板的页面,同时也可以使用更新命令来更新当前页面或整个站点。

1. 更新站点模板

选择"工具">"模板">"更新页面"命令,可以更新整个站点或所有使用特定模板的文档。打开"更新页面"对话框,在"查看"下拉列表框中选择需要更新的范围,在"更新"选项区域中选择"模板"复选框,如图 9－20 所示。单击"开始"按钮后将在"状态"文本框中显示站点更新的结果。

2. 更新基于模板的文档

打开一个基于模板的网页文档,选择"工具">"模板">"更新当前页"命令,即可更新当

前文档,同时反映模板的最新面貌。

图 9‑20　更新模板

9.5.2　删除模板

如果用户不需要使用某个模板,可将其删除。在【资源】面板中选中待删除的模板,右击,在弹出的菜单中选择"删除"命令即可,如图 9‑21 所示。

图 9‑21　删除模板　　　　　　　　图 9‑22　库面板

9.5.3　重命名模板

在【资源】面板中选择模板,右击,在弹出的菜单中选择"重命名"命令进入名称可编辑状态,修改名称即可。

9.6　库

9.6.1　认识库

库是一种用来存储在网上经常重复使用或更新的页面元素的方法,这些元素通常被称为库项目。库项目是一种特殊类型的 Dreamweaver 文件,可以将当前网页中的任意页面元素定义为库项目,如图像、表格、文本、声音和 Flash 影片等。把网站中需要重复使用或需要经常更新的页面元素存入库中,当需要使用某个库项目的时候,直接将其从【资源】面板中拖动到网页中就可以了。因此,模板和库都是为了提高工作效率而存在的,应用模板是为了避免重复创建网页的框架,而应用库项目是为了避免重复输入网页中的内容。

在默认情况中,库面板显示在资源面板中,在【资源】面板中单击"库"按钮 📖,即可显示库面板,如图 9 - 22 所示。

在【库】面板中,用户可以进行如下设置:

- 【插入】按钮:使用该按钮,可以将库项目插入到当前文档中。选中库中的某个项目,单击该按钮,这样即可将库项目插入到文档中。
- 【编辑】按钮:编辑按钮区域包括【刷新站点列表】、【新建库项目】、【编辑】和【删除】等按钮,选中库项目单击对应的按钮,将执行相应的操作。
- 【库项目列表】:在【库项目列表】区域中列出了当前库中的所有项目。

9.6.2 创建库项目

在 Dreamweaver 中,可以将文档中的任意元素存储为库项目,在网页中定义了库项目后,它就可以在其他网页的任意位置被调用。这些元素包括文本、图像、表格、表单、插件、ActiveX 控件以及 Java 程序等。

在【资源】面板中,单击面板左侧的"库"按钮,在"库"选项中的空白处单击鼠标右键,在弹出的快捷菜单中选择"新建库项"命令,如图 9 - 23 所示。新建一个库项目,并为新建的库文件命名为"header",如图 9 - 24 所示。

图 9 - 23　创建库项目　　　　图 9 - 24　重命名库项目

在库文件中输入内容(在库中输入内容的方法与普通页面相似),完成后保存该文件,如

图 9 – 25 所示。

图 9 – 25　输入库项目内容

9.6.3　设置库项目属性

在将一个库项目插入到页面中之后,在【属性】面板中会出现库项目的路径与"打开""从源文件中分离"和"重新创建"三个按钮,如图 9 – 26 所示。

图 9 – 26　库项目的【属性】面板

- 【Src】:显示库项目在站点中的相对路径及名称。
- 【打开】:可以打开该库文件的源文件目录进行编辑。
- 【从源文件中分离】:单击该按钮,可以断开该库项目及其源文件之间的链接,分离后的库项目会变成普通的页面对象。
- 【重新创建】:单击该按钮,可以将应用的库项目内容改写为原始库项目,也可以在丢失或者意外删除原始库项目时,重新建立库项目。

9.6.4　应用库项目

库项目创建完成之后,即可将库项目应用于网页中。

将光标定位在准备应用库项目的位置,在【资源】面板中,单击"库"按钮,在其中选择准备引用的库文件,按住鼠标左键不放将其拖到页面需要嵌入的库的位置,这里将 header. lbi 库文件嵌入到页面头部,如图 9 – 27 所示。

图 9 - 27　应用库项目

（图片来源：网址　https://baijiahao.baidu.com/s? id=1703431523043594398&wfr=spider&for=pc）

保存文档，按 F12 键预览效果，如图 9 - 28 所示。

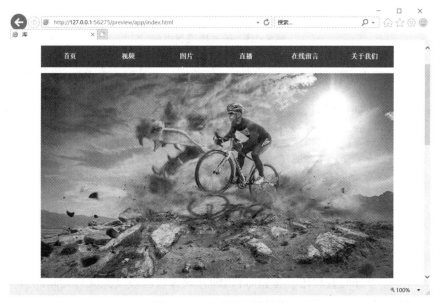

图 9 - 28　库项目网页效果

（图片来源：网址　https://baijiahao.baidu.com/s? id=1703431523043594398&wfr=spider&for=pc）

9.6.5　编辑库项目

创建库项目后，可以对库项目进行更新、重命名、删除等操作。

在【资源】面板的"库"选项 📖 中选择需要修改的库项目，单击"编辑"按钮 ⤵，如图 9 - 29 所示，即可在其中打开该库项目进行编辑，完成库项目的修改后，执行"文件">"保存"命令，保存库项目，会弹出"更新库项目"对话框，询问是否更新站点中使用了库项目的网页文件，如图 9－30 所示。单击"更新库项目"对话框中的"更新"按钮后，弹出"更新页面"对话框，显示更新状态，如图 9－31 所示。

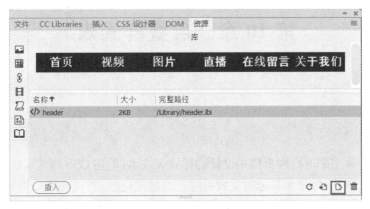

图 9－29　编辑库项目

图 9－30　更新库项目

图 9－31　更新库项目

课后习题

创建"全民健身"网站模板

知识要点：使用"新建模板"命令，创建和编辑模板；使用"新建可编辑区域"命令，设置可编辑区域。

第 9 章习题详解

第 10 章　层叠样式表

学习导航

CSS 就是一种用来进行网页格式设计的样式表技术，使用 CSS 样式可快速、高效地对页面的布局、字体、颜色、背景和其他图文效果进行设置或更改，养成使用 CSS 样式表设置格式的习惯，对于保持网站的整体风格和修改样式都能带来极大的便利。本章主要讲解使用 CSS 修饰美化网页方面的知识。

知识要点	学习难度
掌握 CSS 的概念、特点与语法	★
掌握【CSS 设计器】面板各部分功能的使用方法	★★★
了解 CSS 样式表的类型	★★
掌握各种 CSS 选择器的作用及使用方法	★★★
理解并熟练掌握各种 CSS 属性的设置方法	★★★

10.1　CSS 概述

CSS(Cascading Style Sheets，层叠样式表)，是一组格式设置规则，用于控制网页内容的外观。CSS 不仅可以静态地修饰网页，还可以配合各种脚本语言动态地对网页各元素进行格式化。CSS 能够对网页中元素位置的排版进行像素级精确控制，支持几乎所有的字体字号样式，拥有对网页对象和模型样式编辑的能力。

10.1.1　CSS 的特点

1. 丰富的样式定义

CSS 提供了丰富的文档样式外观，以及设置文本和背景属性的能力；允许为任何元素创建边框，设置元素边框与其他元素间的距离，以及元素边框与元素内容间的距离；允许随意改变文本的大小写方式、修饰方式以及其他页面效果。

2. 易于使用和修改

通过使用 CSS 样式设置页面的格式，可将页面的内容与表示形式分离开。页面内容(即 HTML 代码)存放在 HTML 文档中，而用于定义代码表示形式的 CSS 规则存放在另一个文件(外部样式表)或 HTML 文档的另一部分(CSS 可以将其定义在 HTML 文档的 header 部分)中。总之,CSS 样式表可以将所有的样式声明统一存放,进行统一管理。

另外,可以将相同样式的元素进行归类,使用同一个样式进行定义,可以将某个样式应用到所有同名的 HTML 标签中,也可以将一个 CSS 样式指定到某个页面元素中。如果要修改样式,只需要在样式列表中找到相应的样式声明进行修改。

3. 页面压缩

在使用 HTML 定义页面效果的网站中,往往需要大量或重复的表格和 font 元素形成各种规格的文字样式,这样做的后果就是会产生大量的 HTML 标签,从而使页面文件的体积增加。而将样式的声明单独放到 CSS 样式表中,可以大大地减小页面的体积,这样在加载页面时所用的时间也会大大地减少。另外,CSS 样式表的复用更大程度地缩减了页面的体积,缩短了下载的时间。

10.1.2　CSS 规则

CSS 规则由两个主要的部分构成:选择器和声明(大多数情况下为包含多个声明的代码块)。选择器是需要改变样式的 HTML 元素。声明块用于定义样式属性,每个声明由两部分组成:属性和值,属性和值被冒号分开。每个声明都以分号结束,声明块以大括号括起来,如图 10－1 所示。为了让 CSS 可读性更强,可以每行只描述一个属性,CSS 注释以/＊开始,以＊/结束,如图 10－2 所示。

图 10－1　CSS 规则的结构示意图　　　图 10－2　CSS 规则

10.2　【CSS 设计器】面板

【CSS 设计器】面板是一个 CSS 样式集成化面板,可以可视化地创建 CSS 样式和规则并设置属性和媒体查询。在菜单栏中选择"窗口"＞"CSS 设计器"命令(或按快捷键"Shift＋F11")打开【CSS 设计器】面板,【CSS 设计器】面板包括【源】、【@媒体】、【选择器】、【属性】4 个窗格,每个部分针对 CSS 样式进行不同的管理与设置操作,如图 10－3 所示。

10.2.1　【源】窗格

【源】窗格中列出与文档相关的所有 CSS 样式表。单击【源】窗格中的"添加新的 CSS 源"按钮 ＋,会弹出如图 10－4 所示的三个选项,用来创建和附加 CSS 样式表,以及定义文档中的样式。

图 10-3 【CSS 设计器】面板

图 10-4 添加 CSS 源

1. 创建新的 CSS 文件

选择"创建新的 CSS 文件"选项，打开"创建新的 CSS 文件"对话框，如图 10-5 所示，单击"浏览"按钮，打开"将样式表文件另存为"对话框，如图 10-6 所示，指定保存 CSS 样式表

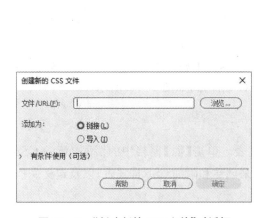

图 10-5 "创建新的 CSS 文件"对话框

图 10-6 "将样式表文件另存为"对话框

的位置(在站点中创建 css 文件夹,用来存放 CSS 样式表)和 CSS 样式表的名称,单击"保存"按钮,即可在所选的文件夹中创建新的外部样式表,返回到"创建新的 CSS 文件"对话框,将新建的 CSS 样式表附加到文档("添加为"选项选择"链接"),单击"确定"按钮,即可创建并链接外部样式表。

- 【添加为】:设置使用外部样式表的方式,默认勾选"链接"。具体区别将在后面进行介绍。
- 【有条件使用(可选)】:设置使用所链接的外部样式表的条件,该部分的设置与【CSS设计器】面板上的【@媒体】窗格的设置基本相同,如图 10‐7 所示,具体设置将在后面进行介绍。
- 【代码】:显示所设置的条件代码,可以直接在文本框中进行设置。

2. 附加现有的 CSS 文件

选择"附加现有的 CSS 文件"选项,打开"使用现有的 CSS 文件"对话框,如图 10‐8 所示,单击"浏览"按钮,打开"选择样式表文件"对话框,如图 10‐9 所示,选择所需要附加的外部样式表,单击"确定"按钮,将外部样式表附加到文档("添加为"选项选择"导入"),单击"确定"按钮。

图 10‐7　设置使用所链接的外部样式表的条件　**图 10‐8　"使用现有的 CSS 文件"对话框**

3. 在页面中定义

选择"在页面中定义"选项,实际上是创建内部 CSS 样式,即使用<style>标签在文档头部定义内部样式表,如图 10‐10 所示。

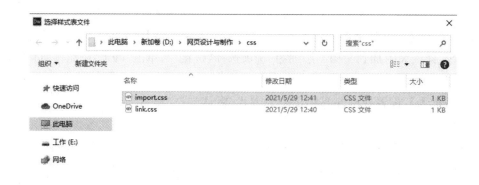

图 10‑9 "选择样式表文件"对话框

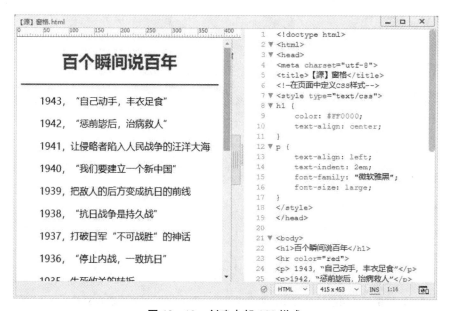

图 10‑10 创建内部 CSS 样式

4．删除 CSS 样式表

选中创建或附加的样式表或定义在文档中的样式，单击【源】窗格中的"删除 CSS 源"按钮 ▬，即可删除该 CSS 源。

10.2.2 【@媒体】窗格

【@媒体】窗格中列出所选源中的全部媒体查询，通过为不同的媒体类型或设备应用不同的样式来设计响应式网站。基于这些规则,呈现的内容可适应多种条件,如屏幕大小、浏览器窗口大小、设备大小和方向以及分辨率。如果不选择特定 CSS,则【@媒体】窗格将显示与文档关联的所有媒体查询。

1. 添加媒体查询

选择【源】窗格中的某个 CSS 源,单击【@媒体】窗格中的"添加媒体查询"按钮 ✚,打开"定义媒体查询"对话框,其中列出 Dreamweaver CC 支持的所有媒体查询条件,根据需要选择"条件",为选择的所有条件指定有效值,单击"确定"按钮,如图 10‐11 所示。

单击"添加条件"按钮 ✚,可以将媒体特性与媒体类型或其他媒体特性组合在一起,如图 10‐12 所示。单击某条件后面的"移除条件"按钮,可以删除该条件。

(1) 媒体类型

- 【media】:用于设置以何种媒体来提交网页文档。如果设置 media 的值为 screen,则表示用于电脑屏幕、平板电脑、智能手机等;值为 print,则表示用于打印机和打印预览;值为 handheld,则表示用于小型手持设备;值为 aural,则表示用于语音和声音合成器;值为 braille,则表示用于盲人触摸式反馈设备;值为 projection,则表示用于投影设备;值为 tty,则表示用于固定的字符网格,如电报、终端设备和对字符有限制的便携设备;值为 tv,则表示用于电视和网络电视。

| 图 10‐11　"定义媒体查询"对话框 | 图 10‐12　添加媒体查询 |

(2) 媒体特性

- 【orientation】:用于设置输出设备的旋转方向(横屏还是竖屏模式)。值为 portrait,则表示指定输出设备中的页面可见区域高度大于或等于宽度;值为 landscape,则表示指定输出设备中的页面可见区域高度小于宽度。
- 【min-width】:用于设置目标显示区域的最小宽度。
- 【max-width】:用于设置目标显示区域的最大宽度。
- 【width】:用于设置目标显示区域的宽度。

- 【min-height】:用于设置目标显示区域的最小高度。
- 【max-height】:用于设置目标显示区域的最大高度。
- 【height】:用于设置目标显示区域的高度。
- 【min-resolution】:用于设置设备的最低分辨率(dpi、dpcm 或 dppx)。
- 【max-resolution】:用于设置设备的最大分辨率(dpi、dpcm 或 dppx)。
- 【resolution】:用于设置输出设备的分辨率(dpi、dpcm 或 dppx)。
- 【min-device-aspect-ratio】:用于设置输出设备的屏幕可见宽度与高度的最小比率。
- 【max-device-aspect-ratio】:用于设置输出设备的屏幕可见宽度与高度的最大比率。
- 【device-aspect-ratio】:用于设置输出设备的屏幕可见宽度与高度的比率。
- 【min-aspect-ratio】:用于设置目标显示区域的最小宽度/高度比。
- 【max-aspect-ratio】:用于设置目标显示区域的最大宽度/高度比。
- 【aspect-ratio】:用于设置目标显示区域的宽度/高度比。
- 【min-device-width】:用于设置输出设备的屏幕最小可见宽度。
- 【max-device-width】:用于设置输出设备的屏幕最大可见宽度。
- 【device-width】:用于设置输出设备的屏幕可见宽度。
- 【min-device-height】:用于设置输出设备的屏幕最小可见高度。
- 【max-device-height】:用于设置输出设备的屏幕最大可见高度。
- 【device-height】:用于设置输出设备的屏幕可见高度。

2. 删除媒体查询

选中某个媒体查询,单击【@媒体】窗格中的"删除媒体查询"按钮，如图 10 - 13 所示,弹出警告对话框,如图 10 - 14 所示,单击"确定"按钮,即可删除该媒体查询及关联的选择器。

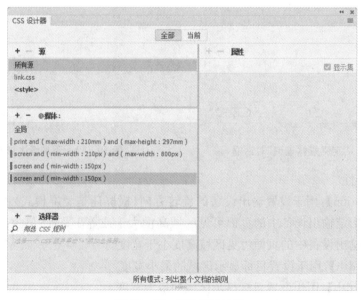

图 10 - 13　删除媒体查询

图 10 - 14　警告对话框

3．编辑媒体查询

在【@媒体】窗格中双击某个媒体查询，打开"定义媒体查询"对话框，可更新媒体查询。

4．可视媒体查询栏

在【实时】视图中，默认显示可视媒体查询栏。可视媒体查询栏的作用：可视化不同断点处（栏左侧显示 min-width，栏右侧显示 max-width）的网页以及网页组件在不同视口中的回流的差异程度。在不同视口查看页面时，无需影响其他视口的页面设计即可进行特定于某个视口的设计更改。

可视媒体查询的水平行上有 3 栏，每栏表示媒体查询的一个类别：绿色■包含 max-width 条件的媒体查询；蓝色■同时包含 min-width 和 max-width 条件的媒体查询；紫色■包含 min-width 条件的媒体查询，如图 10 - 15 所示。（【@媒体】窗格中列出的媒体查询也以这些颜色为前缀，如图 10 - 13 所示）

图 10 - 15　可视媒体查询栏

（1）添加媒体查询

在【实时】视图中的可视媒体查询栏上，单击添加媒体查询图标 ，弹出窗口如图 10 -

16 所示,在第一个下拉列表中可选择"max-width""min-width"或"min-max",用以设定相应的值和单位。在最后一个下拉列表中选择在其中添加媒体查询的 CSS 源,可选择文档中已有的 CCS 源、"在页面中定义"或"创建新的 CSS 文件"。

(2)删除媒体查询

右键单击可视媒体查询栏上需删除的媒体查询,在弹出的菜单中选择"删除"中某 CSS 源的媒体查询,如图 10-17 所示,弹出警告对话框,单击"确定"按钮,即可删除该媒体查询及关联的选择器。

图 10-16　添加媒体查询　　　　　　　　　图 10-17　删除媒体查询

(3)编辑媒体查询

单击可视媒体查询栏上需要编辑的媒体查询,将显示调整大小控制点。将控制点拖动到所需大小,将使用新的 min-width 或 max-width 值自动更新媒体查询。或双击断点值以使用键盘键入新的 min-width/max-width 值,如图 10-18 所示。

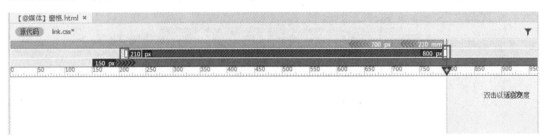

图 10-18　编辑媒体查询

(4)查看媒体查询的代码

右键单击可视媒体查询栏上需查看代码的媒体查询,在弹出菜单中选择"转至代码"中某 CSS 源的媒体查询,即可转至【代码】视图中的相应代码处。

(5)在断点间进行切换

单击可视媒体查询栏上某个媒体查询,即可查看特定大小(断点)的页面。

双击文档窗口右侧灰色区域(该区域显示文本"双击以适应宽度")的任意位置,或在状态栏的"窗口大小"下拉列表中选择"全大小"选项,即可按照文档窗口大小显示视图大小。

10.2.3　【选择器】窗格

选择器是选取需设置样式的元素的模式。【选择器】窗格列出所选源中的全部选择器,如果选择了一个媒体查询,则此窗格会为该媒体查询缩小选择器列表范围,如果没有选择

CSS 源或媒体查询,则此窗格将显示文档中的所有选择器,如果在【@媒体】窗格中选择"全局",则此窗格将显示对所选源的媒体查询中不包括的所有选择器。

选择【源】窗格中的某个 CSS 源或【@媒体】窗格中的某个媒体查询,在文档中选择需要设置样式的元素,单击【选择器】窗格中的"添加选择器"按钮 ✚ ,如图 10 - 19 所示,根据在文档中选择的元素,【CSS 设计器】会智能确定并提示使用相关选择器。也可以在出现的文本框中手动输入选择器的名称,如图 10 - 20 所示。

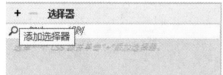

图 10 - 19　添加选择器

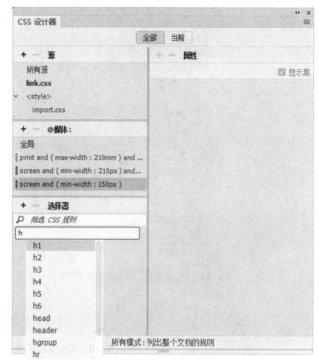

图 10 - 20　智能提示/手动输入选择器

选择某个选择器,单击【选择器】窗格中的"删除选择器"按钮 ━ ,即可删除对应的 CSS 样式。如果创建了多个 CSS 样式,可在选择器搜索框中输入 CSS 选择器的名称进行搜索。如果要将选择器从一个源移至另一个源,可将该选择器拖至【源】窗格中所需的源上。如果要调整【选择器】窗格中选择器的顺序,可将选择器拖至所需位置。如果要复制所选源中的选择器,可右键单击该选择器,可以复制所有样式或仅复制布局、文本和边框等特定类别的样式,复制的样式可以通过"粘贴样式"命令粘贴到其他选择器中,如图 10 - 21 所示。

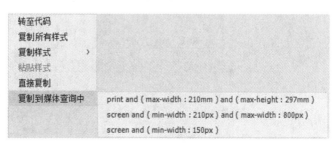

图 10 - 21　复制样式　　　　　　　　　　**图 10 - 22　复制到媒体查询中**

如果要复制选择器并将其添加到媒体查询中,可右键单击该选择器,将鼠标悬停在"复制到媒体查询中"上,然后选择该媒体查询,如图 10 - 22 所示。只有选定的选择器的源包含媒体查询时,"复制到媒体查询中"选项才可用,无法从一个源将选择器复制到另一个源的媒体查询中。

10.2.4 【属性】窗格

显示与所选的选择器相关的属性。勾选"显示集",则仅显示已设置属性的选项,如图 10 - 23 所示。取消勾选"显示集",则显示所选的选择器的所有属性选项,如图 10 - 24 所示。属性分为以下几个类别:布局、文本、边框、背景、更多,可以通过选择相应的类别,进行相关属性设置。

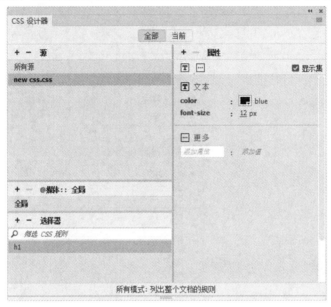

图 10 - 23　勾选"显示集"

图 10 - 24　取消勾选"显示集"

10.3 CSS 样式表

根据在 HTML 文件中的引入方式和作用范围的不同,CSS 样式表可以分为以下三类:外部样式表、内部样式表和内联样式表。

10.3.1 外部样式表

外部样式表是在 HTML 文档的外部独立存在的定义样式的文件,扩展名为 .css。外部样式表能够做到 CSS 代码最大限度的重用,如果要改变页面的外观,只需编辑 CSS 文件,而无需修改 HTML 文件,将 HTML 文档和 CSS 文件完全分离,实现结构层和表示层的彻底分离,增强网页结构的扩展性和 CSS 样式的可维护性。HTML 文档通过链接或者导入来引用这个外部样式表。

1. 链接外部样式表

在 HTML 文档头部,使用 <link> 标签来链接外部样式表,这是网络上网站应用最多的方式,同时也是最实用的方式,其基本语法格式如图 10 - 25 所示。

浏览网页时先将外部样式表加载到网页当中,然后再进行编译显示,所以这种情况下显示出来的网页跟预期的效果一样,即使网速再慢也是一样的效果。

2. 导入外部样式表

在 HTML 文档头部的 <style> 标签中,使用 @import 指令将外部样式表导入到网页文档中,其基本语法格式如图 10 - 25 所示。

```
<head>
<meta charset="utf-8">
<title>附加CSS文件</title>
<!--链接外部CSS文件-->
<link href="css/link css.css" rel="stylesheet"
type="text/css">
<!--导入外部CSS文件-->
<style type="text/css">
@import url("css/import css.css");
</style>
</head>
```

图 10 - 25 链接/导入外部样式表的基本语法格式

在浏览网页时先将 HTML 的结构呈现出来,再把外部样式表加载到网页当中,最终的效果跟链接是一样的,只是当网速较慢时会显示没有 CSS 统一布局时的 HTML 网页。

导入外部样式表可以避免过多的网页文件指向一个外部样式表,如果采用链接的方式,可能会导致由于过多的网页文件同时采用一个外部样式表而导致速度下降,但是使用好的硬盘基本不会出现这样的情况。

10.3.2 内部样式表

内部样式表将 CSS 代码集中写在 HTML 文档的头部标签（<head>）中，并且用 style 标签定义，可以方便地控制整个页面中的元素样式设置，代码结构清晰，但是并没有实现结构与样式的完全分离，只针对当前页面有效，达不到 CSS 代码复用的目的，如图 10-26 所示。语法格式如下：

```
<style type="text/css">
    选择器{
        属性：属性值；
        ……
    }
    ……
</style>
```

图 10-26　内部样式表的应用

（图片来源：学习强国网址　https://www.xuexi.cn/896bddc5f57a423b857a85eb40f98945/72742e3e40c96ade71e42b6e7ed42419.html）

10.3.3 内联样式表

内联样式表，又称行内样式表、行间样式表，是把 CSS 代码直接写在现有的 HTML 标签中，通过标签的 style 属性来设置元素的样式，没有实现样式和结构相分离，只对其所在的标签及嵌套在其中的子标签起作用，如图 10-27 所示。语法格式如下：

```
标签名{
    属性：属性值；
    ……
}
```

图 10 - 27　内联样式表的应用

10.4　CSS 选择器

小贴士：

1. 优先级：行内样式＞外部样式＝内部样式，外部样式和内部样式有"就近原则"，离被设置元素越近优先级别越高。

2. link 的优先级高于@import。

CSS 是通过选择器对不同的 HTML 标签进行控制，从而实现各种效果。常用的 CSS 选择器有通配符选择器、标签选择器、ID 选择器、类选择器、派生选择器、属性选择器、伪类（伪对象）选择器、分组选择器等。在 CSS 中给元素添加样式时，首先需要了解各种类型选择器的作用。

10.4.1　通配符选择器

通配符选择器显示为一个星号（＊）。单独使用时，指定文档中所有元素的样式。也可以对特定元素的所有后代应用样式，如图 10 - 28 所示。

由于各个浏览器对每个元素上的默认边距都不一致，为了保证页面能够兼容多种浏览器，通常在 reset 样式文件中，使用通配符选择器进行重置，来覆盖浏览器的默认规则。

```
＊ {
    margin：0；
    padding：0；
}
```

图 10‐28   通配符选择器的使用

(图片来源:学习强国网址   1. https://www.xuexi.cn/b1c27d198d23be470939771dde543853/e43e220633a65f9b6d8b

   53712cba9caa.html;

   2. https://www.xuexi.cn/a5fdfae994ca1b9c3f5c23530707eb6f/e43e220633a65f9b6d8b53712cba9caa.html;

   3. https://www.xuexi.cn/34e0e7b71f2689c2bc4364346655fc50/e43e220633a65f9b6d8b53712cba9caa.html)

（1）创建内部样式表

打开素材文件,效果如图 10‐29 所示,打开【CSS 设计器】面板,单击【源】窗格中的"添加 CSS 源" ，在弹出菜单中,选择"在页面中定义"选项。

图 10‐29   素材文件

（2）新建 CSS 样式

选择【源】窗格中的"style"选项,单击【选择器】窗格中的"添加选择器"按钮 ，在出现的文本框中输入通配符选择器" ＊ ",按 Enter 键。在【属性】窗格中选择"背景"类别 ，设置背景颜色(在 background-color 文本框中直接输入颜色名称:LightSkyBlue),如图 10‐30 所示。样式代码如图 10‐31 所示。

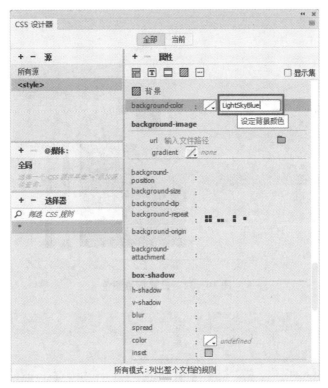

图 10 - 30　设置背景颜色

```
/*单独使用,选取所有元素*/
* {
    background-color: LightSkyBlue;
}
```

图 10 - 31　通配符选择器"﹡"的样式代码

　　单击【选择器】窗格中的"添加选择器"按钮 **+**，在出现的文本框中输入"table ﹡"，按 Enter 键。在【属性】窗格中选择"背景"类别 ▨，设置背景颜色为白色(在 background-color 文本框中直接输入颜色名称：white，或在 background-color 颜色选择器中选择♯FFFFFF)，如图 10 - 32 所示。选择"文本"类别 🅣，设置水平对齐方式为居中 ☰ (text-align：center)，如图 10 - 33 所示。样式代码如图 10 - 34 所示。

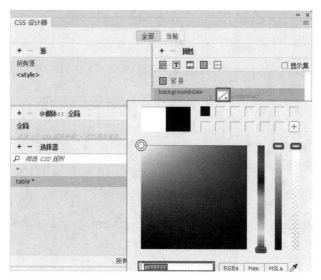

图 10-32 设置背景颜色

图 10-33 设置水平对齐方式

```
/*选取<table>中的所有元素*/
table * {
    background-color: #FFFFFF;
    text-align: center;
}
```

图 10-34 "table *"的样式代码

保存文档,按 F12 键预览效果,如图 10-35 所示。

图 10‑35　通配符选择器的使用

10.4.2　标签选择器

标签选择器,又名元素选择器,是将样式添加到具有指定 HTML 元素名称的所有元素,是 CSS 中最常见、最基本的选择器。语法格式如下:

标签名{
　　属性:属性值;
　　……
}

通常在设计网页的时候,会建立一个 body 标签样式,以控制页面的整体效果,如图 10‑36所示。

图 10‑36　标签选择器的使用

(图片来源:学习强国网址　https://www.xuexi.cn/896bddc5f57a423b857a85eb40f98945/72742e3e40c96ade71e42b6e7ed42419.html)

(1)创建内部样式表

新建空白文档,定义文档标题为"标签选择器",保存到站点根目录。打开【CSS 设计器】

面板,单击【源】窗格中的"添加 CSS 源" ,在弹出菜单中,选择"在页面中定义"选项。

（2）新建 CSS 样式

选择【源】窗格中的"style"选项,定位在【代码】视图的<body>标签中,状态栏中的标签选择器上显示该标签 body 被选中,单击【选择器】窗格中的"添加选择器"按钮 ,根据在文档中选择的元素,【CSS 设计器】会智能确定并提示使用标签选择器"body",按 Enter 键。在【属性】窗格中选择"背景"类别 ,设置背景图像(在 background-image 的 url 中单击"浏览"按钮 ,打开"选择图像源文件"对话框,选择 images 文件夹中的背景图像文件 science-background. jpg),设置不重复背景图像(background-repeat:no-repeat),如图 10‑37 所示。样式代码如图 10‑38 所示。

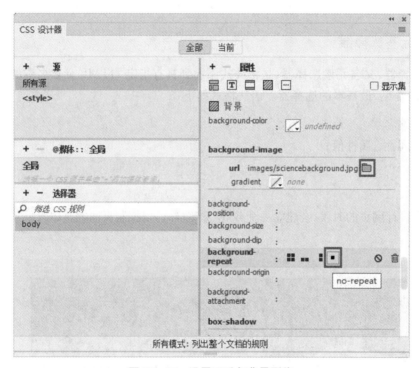

图 10‑37　设置不重复背景图像

```
body {
    background-image: url(images/sciencebackground.jpg);
    background-repeat: no-repeat;
}
```

图 10‑38　标签选择器"body"的样式代码

10.4.3　ID 选择器

1. ID

ID 在 HTML 中的作用是给网页中的某个元素或标记一个唯一的标识符,可以在网页中以这个标识符来设置或引用对应的元素。使用"#"符号来定义 ID,语法格式:

　　♯ID_NAME

其中 ID_NAME 是 ID 对应的引用名,引用时只需要在元素中添加 id＝"ID_NAME"即可。

　　用来选择元素的样式或格式(style),通过不同的 ID 来选择不同的样式,实现网页的格式设置,通常与 CSS 联合使用。

小贴士:

　常用命名规则

页头	header	登录条	loginBar	标志	logo
侧栏	sidebar	广告	banner	导航	nav
子导航	subNav	菜单	menu	子菜单	submenu
搜索	search	滚动	scroll	页面主体	main
内容	content	标签页	tab	文章列表	list
提示信息	msg	小技巧	tips	栏目标题	title
加入	joinus	指南	guild	服务	service
热点	hot	新闻	news	下载	download
注册	regsiter	状态	status	按钮	btn
投票	vote	合作伙伴	partner	友情链接	friendlink
页脚	footer	版权	copyright	容器	container

　2. ID 选择器

ID 选择器主要是用于定义包含特定 ID 属性的元素样式,如图 10 - 39 所示。语法格式如下:

　　♯ID_NAME{

　　　属性:属性值;

　　　……

　　}

(1) 定义 ID 名称

打开素材文件,在【实时】视图中,选中图片,在状态栏中的标签选择器上选择＜span＞标签,如图 10 - 40 所示,在菜单栏中选择"窗口"＞"属性",打开【属性】面板,在 ID 框中定义所选＜span＞标签的 ID 名称"card",如图 10 - 41 所示。

图 10 - 39　ID 选择器的使用

（图片来源：网址　https：//www.meipian.cn/2gvwfggp）

图 10 - 40　选择＜span＞标签

图 10 - 41　定义 ID 名称"card"

在【代码】视图中,定位嵌套的<span>标签中,为该标签指定一个 ID 名称(id="content"),如图 10 - 42 所示。

图 10 - 42　定义 ID 名称"content"

(图片来源:网址　https://www.meipian.cn/2gvwfggp)

(2)创建内部样式表

打开【CSS 设计器】面板,单击【源】窗格中的"添加 CSS 源" ✚ ,在弹出菜单中,选择"在页面中定义"选项。

(3)新建 CSS 样式

选择【源】窗格中的"style"选项,在【实时】视图中,选中图片,在状态栏中的标签选择器上选择 ID 为 card 的<span>标签,单击【选择器】窗格中的"添加选择器"按钮 ✚ ,【CSS 设计器】会智能确定并提示使用 ID 选择器"♯card",按 Enter 键。在【属性】窗格中选择"布局"类别 ,设置元素显示为块级元素(display:block),如图 10 - 43 所示。设置元素的宽度为 540 px(width),如图 10 - 44 所示。选择"背景"类别 ,设置边框的垂直阴影为 6 px (v-shadow),框阴影的模糊半径为 20 px(blur),框阴影的颜色为黑色(color,透明度为 0.20),如图 10 - 45 所示。选择"文本"类别 ,设置水平对齐方式为居中 (text-align:center)。样式代码如图 10 - 46 所示。

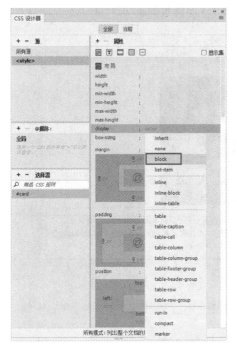

图 10‑43　设置元素显示为块级元素　　　　　　图 10‑44　设置元素的宽度

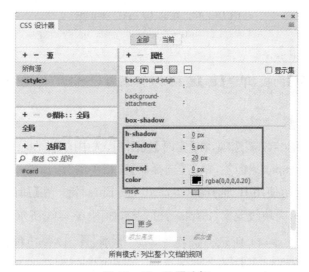

图 10‑45　设置边框

```
#card {
    display: block;
    width: 540px;
    -webkit-box-shadow: 0px 6px 20px 0px rgba(0,0,0,0.20);
    box-shadow: 0px 6px 20px 0px rgba(0,0,0,0.20);
    text-align: center;
}
```

图 10‑46　ID 选择器"＃card"的样式代码

单击【选择器】窗格中的"添加选择器"按钮　，在出现的文本框中输入 ID 选择器"♯content",按 Enter 键。在【属性】窗格中选择"布局"类别　，设置元素显示为块级元素(display:block)。设置四个相同的内边距 10 px(在 padding"设置速记"文本框中输入 10 px),按Enter 键,如图 10-47 所示。设置元素的高度为 150 px(height)。样式代码如图 10-48 所示。

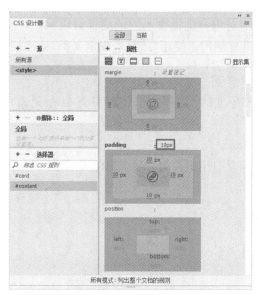

图 10-47　设置内边距

保存文档,按 F12 键预览效果,如图 10-49 所示。

```
#content {
    display: block;
    padding: 10px;
    height: 150px;
}
```

图 10-48　ID 选择器"♯content"
　　　的样式代码

图 10-49　ID 选择器的使用

(图片来源:网址　https://www.meipian.cn/2gvwfggp)

217

10.4.4　类选择器

1. 类(CLASS)

在 HTML 页面中 ID 只能标识一个元素或标记,但在网页设计中,有时需要对一些类型相同或相似的元素进行相同的设置或处理,这时就可以人为地根据应用背景对网页中的元素进行分类(CLASS),然后对每一类设置不同的属性,HTML 对使用类的元素数量不作任何限制,也就是说类可以重复使用。使用“.”符号来定义类,语法格式为:

.CLASS_NAME

其中CLASS_NAME 是类的引用名,引用时只需要在元素中添加 class＝"CLASS_NAME"即可。

2. 类选择器

类选择器主要是为所有具有指定类的元素添加样式,如图 10-50 所示。语法格式如下:

.CLASS_NAME{
　　属性:属性值;
　　……
　　}

图 10-50　类选择器的使用

(图片来源:学习强国网址　1. https://www.xuexi.cn/b1c27d198d23be470939771dde543853/e43e220633a65f9b6d8b53712cba9caa.html;

2. https://www.xuexi.cn/a5fdfae994ca1b9c3f5c23530707eb6f/e43e220633a65f9b6d8b53712cba9caa.html;

3. https://www.xuexi.cn/34e0e7b71f2689c2bc4364346655fc50/e43e220633a65f9b6d8b53712cba9caa.html)

(1) 创建并链接外部样式表

打开素材文件,打开【CSS 设计器】面板,单击【源】窗格中的“添加 CSS 源”➕,在弹出菜单中,选择“创建新的 CSS 文件”选项,打开“创建新的 CSS 文件”对话框,单击“浏览”按钮,打开“将样式表文件另存为”对话框,指定保存 CSS 样式表的位置(在站点中创建 css 文件夹,用来存放 CSS 样式表)和 CSS 样式表的名称(class),单击“保存”按钮,将新建的 CSS 样式表附加到文档("添加为"选项选择"链接"),单击"确定"按钮。此时,在 HTML 文档头部,使用<link>标签链接了新建的外部样式表(class.css),如图 10-51 所示。

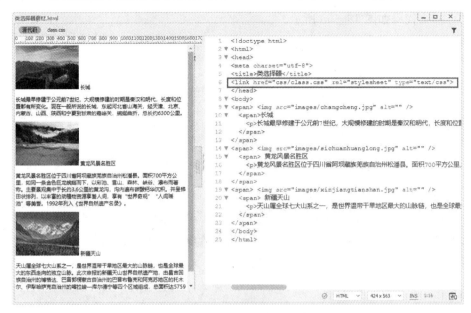

图 10-51　链接外部样式表

(2) 新建 CSS 样式

选择【源】窗格中的"class.css"选项,单击【选择器】窗格中的"添加选择器"按钮 ,在出现的文本框中输入类选择器".content",按 Enter 键。在【属性】窗格中选择"布局"类别 ,设置元素向左浮动(float:left),如图 10-52 所示。设置元素的宽度为 30%(width),右内边距为 1em(padding-right),如图 10-53 所示。样式代码如图 10-54 所示。

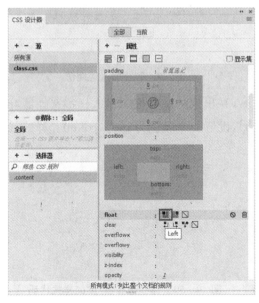

图 10-52　设置元素向左浮动

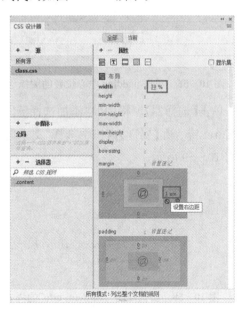

图 10-53　设置元素的宽度和右内边距

单击【选择器】窗格中的"添加选择器"按钮 ✚，在出现的文本框中输入标签选择器"img"，按 Enter 键。在【属性】窗格中选择"布局"类别 ▦，设置元素的宽度为 100%（width）。样式代码如图 10-55 所示。

```
/*类选择器*/
.content {
    float: left;
    width: 30%;
    margin-right: 1em;
}
```

```
img  {
    width: 100%;
}
```

图 10-54 类选择器".content"样式代码　　**图 10-55 标签选择器"img"样式代码**

单击【选择器】窗格中的"添加选择器"按钮 ✚，在出现的文本框中输入类选择器".content_info"，按 Enter 键。在【属性】窗格中选择"布局"类别 ▦，设置四个相同的内边距，单击 padding 中心位置的图标 ⊘，如图 10-56 所示，再在某个边距上输入具体值 1em，按 Enter 键，如图 10-57 所示。样式代码如图 10-58 所示。

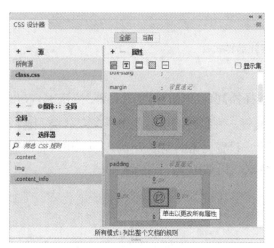

图 10-56 单击 padding 中心位置的图标

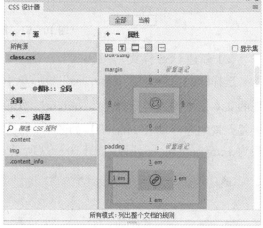

图 10-57 输入边距值

单击【选择器】窗格中的"添加选择器"按钮 ✚，在出现的文本框中输入标签选择器"p"，按 Enter 键。在【属性】窗格中选择"文本"类别 ⊤，设置文本颜色为 gray（color）。样式代码如图 10-59 所示。

```
/*类选择器*/
.content_info {
    padding-top: 1em;
    padding-right: 1em;
    padding-bottom: 1em;
    padding-left: 1em;
}
```

```
p {
    color: gray;
}
```

图 10-58 类选择器".content_info"的样式代码　　**图 10-59 标签选择器"p"的样式代码**

（3）应用 CSS 样式

在【代码】视图中，图片＜img＞标签的父标签＜span＞中定义类名称"content"，段落＜p＞标签的父标签＜span＞中定义类名称"content_info"，这样，分别应用了名为". content"的类 CSS 样式和名为". content_info"的类 CSS 样式，效果如图 10 - 60 所示。

10.4.5　派生选择器

派生选择器是根据文档的上下文关系来确定某个标签的样式，有以下几种情况：后代选择器、子元素选择器、相邻兄弟选择器、匹配选择器。有助于避免过多的 id 及 class 设置，直接对需要设置的元素进行设置，如图 10 - 61 所示。

1. 后代选择器

后代选择器又称为包含选择器，选择作为某元素后代的元素（选择元素内部的元素）。规则左边的选择器一端包括两个或多个用空格分隔的选择器，选择器之间的空格是一种结合符（元素 1 元素 2）。

图 10 - 60　应用 CSS 样式

（图片来源：学习强国网址　1. https://www. xuexi. cn/b1c27d198d23be470939771dde543853/e43e220633a65f9b6d8b53712cba9caa. html；

2. https://www. xuexi. cn/a5fdfae994ca1b9c3f5c23530707eb6f/e43e220633a65f9b6d8b53712cba9caa. html；

3. https://www. xuexi. cn/34e0e7b71f2689c2bc4364346655fc50/e43e220633a65f9b6d8b53712cba9caa. html)

图 10 - 61　派生选择器的使用

2. 子元素选择器

子元素选择器用于选择某个元素的子元素，而不会扩大到任意的后代元素。使用大于号（＞），即子结合符。

3. 相邻兄弟选择器

相邻兄弟选择器用于选择紧接在另一个元素后的元素，而且二者有相同的父元素（元素 1＋元素 2）。使用加号（＋），即相邻兄弟结合符。

4. 匹配选择器

匹配选择器用于选择前面有元素 1 的元素 2，而且二者有相同的父元素（元素 1～元素 2）。

（1）新建并保存外部样式表

在菜单栏中选择"文件"＞"新建"命令，打开"新建文档"对话框，在"新建文档"选项卡中选择"CSS"文档类型，单击"创建"按钮。在菜单栏中选择"文件"＞"保存"/"另存为"命令，打开"另存为"对话框，指定保存 CSS 样式表的位置（css 文件夹）和 CSS 样式表的名称（descendant），单击"保存"按钮。

（2）导入外部样式表

打开素材文件，打开【CSS 设计器】面板，单击【源】窗格中的"添加 CSS 源" ，在弹出菜单中，选择"附加现有的 CSS 文件"选项，打开"使用现有的 CSS 文件"对话框，单击"浏览"按钮，打开"选择样式表文件"对话框，选择需要附加的外部样式表（css 文件夹中的 descendant. css 文件），单击"确定"按钮，将新建的 CSS 样式表附加到文档（"添加为"选项选择"导入"），单击"确定"按钮。在 HTML 文档头部的＜style＞标签中，使用@import 指令将外部样式表（descendant. css）导入到网页文档中，如图 10 - 62 所示。

图 10‑62　导入外部样式表

（3）新建 CSS 样式

选择【源】窗格中的"descendant.css"选项，单击【选择器】窗格中的"添加选择器"按钮 ，在出现的文本框中输入标签选择器"dl"，按 Enter 键。在【属性】窗格中选择"布局"类别 ，设置元素的宽度为 800 px（width）。样式代码如图 10‑63 所示。

单击【选择器】窗格中的"添加选择器"按钮 ，在出现的文本框中输入标签选择器"dd"，按 Enter 键。在【属性】窗格中选择"布局"类别 ，设置元素向左浮动（float：left），设置元素的外边距为 0（设置速记，margin：0），宽度为 120 px（width），样式代码如图 10‑63 所示，效果如图 10‑64 所示。

```
dl {
    width: 800px;
}
dd {
    float: left;
    margin: 0;
    width: 120px;
}
```

图 10‑63　标签选择器"dl"和
　　　　　　"dd"的样式代码

图 10‑64　标签选择器"dl"和"dd"的使用

单击【选择器】窗格中的"添加选择器"按钮 ，在出现的文本框中输入后代选择器 "dd a"，按 Enter 键。在【属性】窗格中选择"文本"类别 ，设置文本的修饰为无（即去掉文本链接的下划线,text-decoration:none),效果如图 10-65 所示。样式代码如图 10-66 所示。后代选择器"dd a"用于选择<dd>标签中的子标签<a>,而不会影响<dt>标签中的子标签<a>。

图 10-65 后代选择器"dd a"的使用

```
/*后代选择器*/
dd a {
    text-decoration: none;
}
```

图 10-66 后代选择器"dd a"
的样式代码

单击【选择器】窗格中的"添加选择器"按钮 +,在出现的文本框中输入子元素选择器"dt>strong",按 Enter 键。在【属性】窗格中选择"文本"类别 T,设置文本颜色为 red(color),效果如图 10-67 所示。样式代码如图 10-68 所示。子元素选择器"dt>strong"用于选择<dt>标签中的子标签<strong>,而不会扩大到任意的后代元素(即不会影响<dt>标签中的子标签<span>中的<strong>标签)。

图 10-67 子元素选择器"dt>strong"的使用

```
/*子元素选择器*/
dt > strong {
    color: red;
}
```

图 10-68 子元素选择器"dt>
strong"的样式代码

单击【选择器】窗格中的"添加选择器"按钮 +,在出现的文本框中输入相邻兄弟选择器"dd+dd",按 Enter 键。在【属性】窗格中选择"文本"类别 T,设置文本阴影(text-shadow),水平阴影位置为 5 px(h-shadow),垂直阴影位置为 5 px(v-shadow),模糊距离 5 px(blur),阴影颜色为♯FF0000(color),如图 10-69 所示。相邻兄弟选择器"dd+dd"用于选择紧接在<dd>标签后的<dd>标签,而且二者有相同的父标签<dl>。样式代码如图 10-70 所示,效果如图 10-71 所示。

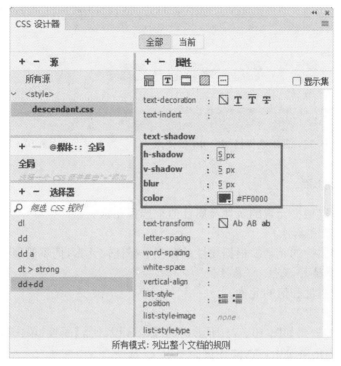

图 10‑69　设置文本阴影

```
/*相邻兄弟选择器*/
dd+dd {
    text-shadow: 5px 5px 5px #FF0000;
    /*添加水平、垂直阴影，并向阴影添加颜色、模糊效果*/
}
```

图 10‑70　相邻兄弟选择器"dd＋dd"的样式代码

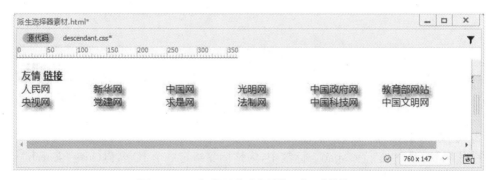

图 10‑71　相邻兄弟选择器"dd＋dd"的使用

单击【选择器】窗格中的"添加选择器"按钮 ✚ ，在出现的文本框中输入匹配选择器"dt～dd"，按 Enter 键。在【属性】窗格中选择"背景"类别 ▨ ，设置背景颜色为 yellow（background-color），效果如图 10‑72 所示。样式代码如图 10‑73 所示。匹配选择器"dt～dd"用于选择前面有＜dt＞标签的＜dd＞标签，而且二者有相同的父元素＜dl＞。

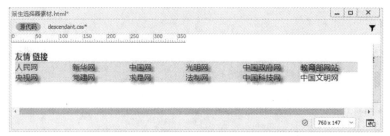

图 10-72 匹配选择器"dt~dd"的使用

图 10-73 匹配选择器"dt~
dd"的样式代码

10.4.6 属性选择器

属性选择器可以根据元素的属性及属性值来选择元素。

1. 属性选择器 E[属性]

选择具有指定属性的元素。根据属性的存在选择任何元素,而不管属性的值。

2. 属性值选择器 E[属性="属性值"]

选择具有指定属性和值的元素。

(1) 创建内部样式表

打开素材文件,效果如图 10-74 所示,打开【CSS 设计器】面板,单击【源】窗格中的"添加 CSS 源" ➕,在弹出菜单中,选择"在页面中定义"选项。

图 10-74 素材文件

(2) 定义 ID 名称

在【代码】视图中,定位＜span＞标签中,为该标签指定一个 ID 名称(id="search")。

(3) 新建 CSS 样式

选择【源】窗格中的"style"选项,单击【选择器】窗格中的"添加选择器"按钮 ➕,在出现的文本框中输入通配符选择器" ＊ ",按 Enter 键。在【属性】窗格中选择"布局"类别 ▦,设置 box-sizing 为 border-box(即 width 和 height 属性包括内容、内边距和边框,但不包括外边距),如图 10-75 所示,选择"背景"类别 ▨,设置背景图像(background-image：url(images/xqbackground.jpg)),设置不重复背景图像(background-repeat：no-repeat)。样式代码如图

10－76 所示。

图 10－75　设置 box－sizing

```
* {
    -webkit-box-sizing: border-box;
    -moz-box-sizing: border-box;
    box-sizing: border-box;
    background-image: url(images/xqbackground.jpg);
    background-repeat: no-repeat;
}
```

图 10－76　通配符选择器"*"的样式代码

单击【选择器】窗格中的"添加选择器"按钮 ＋，在出现的文本框中输入 ID 选择器"＃search"，按 Enter 键。在【属性】窗格中选择"布局"类别 ，设置元素显示为块级元素（display：block），设置元素的定位类型为相对定位 relative（position），如图 10－77 所示，设置元素的上和下外边距为 0，右和左外边距为 auto，使元素水平居中（设置速记，margin：0 auto），设置元素的宽度为 400 px（width）。样式代码如图 10－78 所示。

单击【选择器】窗格中的"添加选择器"按钮 ＋，在出现的文本框中输入属性选择器"［type］"，按 Enter 键。在【属性】窗格中选择"文本"类别 ，设置文本颜色为白色 ＃FFFFFF（color）。样式代码如图 10－79 所示。

单击【选择器】窗格中的"添加选择器"按钮 ＋，在出现的文本框中输入属性选择器"［type＝"text"］"，按 Enter 键。在【属性】窗格中选择"布局"类别 ，设置元素的宽度为 100％（width），高度为 56 px（height），左内边距为 10 px（padding-left）。选择"边框"类别 ，设置四个角为圆角，半径均为 5 px（border-radius），设置边框的宽度为 2 px（border-width），边框样式为实线 solid（border-style），边框颜色为＃7BA7AB（border-color），选择"更多"类别 ，设置背景简写属性（属性：background，属性值：＃F9F0DA）。样式代码如图 10－80 所示。属性设置如图 10－81所示。

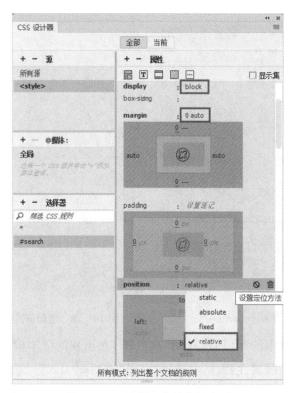

图 10‐77　设置元素的定位类型

```
#search {
    display: block;
    position: relative;
    margin: 0 auto;
    width: 400px;
}
```

图 10‐78　ID 选择器"#search"的样式代码

```
[type] {
    color: #FFFFFF;
}
```

图 10‐79　属性选择器"[type]"的样式代码

```
[type="text"] {
    width: 100%;
    height: 56px;
    border: 2px solid #7BA7AB;
    border-radius: 5px;
    padding-left: 10px;
    background: #F9F0DA;
}
```

图 10‐80　属性选择器"[type="text"]"的样式代码

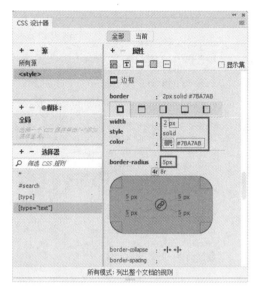

图 10 - 81　属性设置

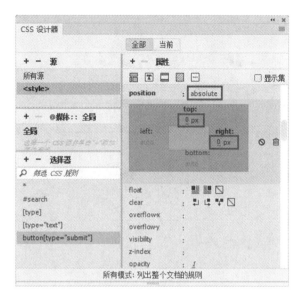

图 10 - 82　设置元素的定位

单击【选择器】窗格中的"添加选择器"按钮 ➕，在出现的文本框中输入属性选择器"but-ton[type="submit"]"，按 Enter 键。在【属性】窗格中选择"布局"类别 ▦，设置元素的定位类型为绝对定位 absolute(position)，上边缘和右边缘为 0 px(top、right，设置按钮的上、右边缘贴近父元素边框)，如图 10 - 82 所示。设置元素的宽度和高度均为 56 px(width、height)。选择"边框"类别 ▦，设置边框样式为 none(border-style)，右上角、右下角的圆角值为 5 px(border-top-right-radius、border-bottom-right-radius)，如图 10 - 83 所示。选择"更多"类别 ⋯，设置背景简写属性(属性：background，属性值：♯7BA7AB)，鼠标效果为手型样式(属性：cursor，属性值：pointer)，如图 10 - 84 所示。样式代码如图 10 - 85 所示。

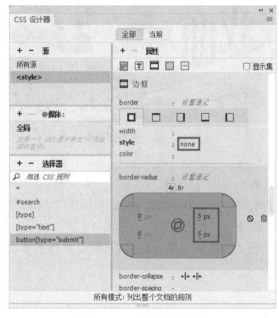

图 10 - 83　设置圆角边框

图 10-84　设置背景颜色和鼠标效果

```
button[type="submit"] {
    position: absolute;
    top: 0px;
    right: 0px;
    width: 56px;
    height: 56px;
    border-style: none;
    border-bottom-right-radius: 5px;
    border-top-right-radius: 5px;
    background: #7BA7AB;
    /*CSS background简写属性:
    background-color
    background-image
    background-repeat
    background-attachment
    background-position
    属性值之一缺失并不要紧。*/
    cursor: pointer;
}
```

图 10-85　属性选择器"button[type="submit"]"的样式代码

保存文档,按 F12 键预览效果,如图 10-86 所示。

图 10-86　搜索框效果

(图片来源:学习强国网址　https://www.xuexi.cn/ba07e0e0ca3b0302dcdc364b6449b5a8/b96df2c4f343da84b4d59835eee51f61.html)

3. 属性值选择器 E[属性~="指定值"]

选择属性包含指定值的元素,指定值必须是单独的单词或以空格与其他字符分隔开的单词。

4. 属性值选择器 E[属性|="指定值"]

选择指定属性以指定值为开头的元素,指定值必须是单独的单词或以连字符(-)与其他字符分隔开的单词。

5. 属性值选择器 E[属性^="指定值"]

6. 属性值选择器 E[属性$="指定值"]

选择指定属性以指定值为结尾的元素,指定值是属性的后几个字母即可。

7. 属性值选择器 E[属性*="指定值"]

选择属性包含指定值的元素。

(1) 创建并链接外部样式表

打开素材文件,打开【CSS 设计器】面板,单击【源】窗格中的"添加 CSS 源" ,在弹出菜单中,选择"创建新的 CSS 文件"选项,打开"创建新的 CSS 文件"对话框,单击"浏览"按钮,打开"将样式表文件另存为"对话框,指定保存 CSS 样式表的位置(css 文件夹)和 CSS 样式表的名称(attribute),单击"保存"按钮,将新建的 CSS 样式表附加到文档("添加为"选项选择"链接"),单击"确定"按钮。此时,在 HTML 文档头部,使用<link>标签链接了新建的外部样式表(attribute.css)。

(2) 新建并应用 CSS 样式

选择【源】窗格中的"attribute.css"选项,单击【选择器】窗格中的"添加选择器"按钮 ,在出现的文本框中输入标签选择器"h2",按 Enter 键。在【属性】窗格中选择"文本"类别 ,设置水平对齐方式为居中 (text-align:center)。选择"更多"类别 ,设置元素跨越所有列(属性:column-span,属性值:all)。样式代码如图 10 - 87 所示。

单击【选择器】窗格中的"添加选择器"按钮 ,在出现的文本框中输入 ID 选择器"#news",在【属性】窗格中选择"布局"类别 ,设置元素显示为块级元素(display:block)。选择"更多"类别 ,设置元素划分 3 列(column-count),各列宽度为 100 px(column-width),列之间的间隔为 40 px(column-gap),列之间的样式为 3D 凹边 ridge(column-rule-style),列之间样式的宽度为 5 px(column-rule-width),列之间样式的颜色为 lightblue(column-rule-color),如图 10 - 88 所示。(或使用 column-rule 的简写属性来规定列之间的宽度、样式和颜色规则,书写顺序:column-rule-width、column-rule-style、column-rule-color,属性:column-rule,属性值:5 px ridge lightblue,如图 10 - 89 所示)。样式代码如图 10 - 90 所示。

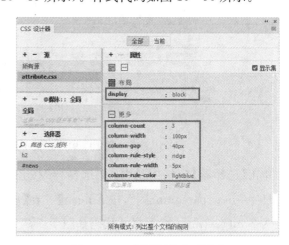

```
h2 {
    text-align: center;
    column-span: all;
}
```

图 10 - 87　标签选择器"h2"的样式代码　　　　图 10 - 88　设置段落分列样式

在【代码】视图中,给<span>标签定义 ID 名称"news",当输入"id="后,Dreamweaver CC 将显示文档中所有已定义了样式的 ID,单击相应的 ID 名称即可,如图 10 - 91 所示。

```
#news {
    display: block;
    column-count: 3;
    column-width: 100px;
    column-gap: 40px;
    column-rule-style: ridge;
    column-rule-width: 5px;
    column-rule-color: lightblue;
}
```

图 10 - 89　column-rule 的简写属性　　　　图 10 - 90　ID 选择器"♯news"的样式代码

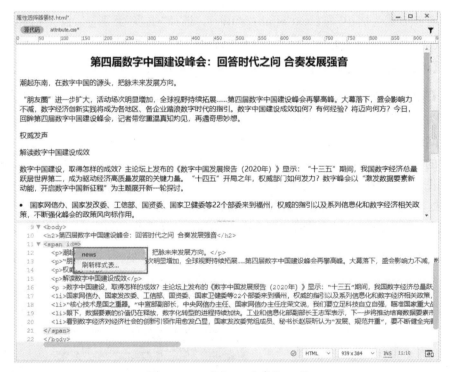

图 10 - 91　定义 ID 名称"news"

单击【选择器】窗格中的"添加选择器"按钮 ✚,在出现的文本框中输入属性选择器 "p[id～="newsparagraph"]",按 Enter 键。在【属性】窗格中选择"文本"类别 T,设置文本缩进为 2em(text-indent)。样式代码如图 10 - 92 所示。

```
p[id~="newsparagraph"] {
    text-indent: 2em;
}
```

图10‑92　属性选择器"p[id～="newsparagraph"]"的样式代码

在【代码】视图中，为<p>标签依次定义 ID 名称：one newspara-graph、two newspara-graph、newsparagraph-one、titleparagraph，为<li>标签依次定义 ID 名称：paragraphone、paragraph-two、paragraph&three、paragraph four。

属性选择器"p[id～="newsparagraph"]"选择 ID 名称包含"newsparagraph"的<p>标签，且"newsparagraph"必须是单独的单词或以空格与其他字符分隔开的单词，比如 id="newsparagraph"或 id="newsparagraph first"或 id="one newsparagraph"，效果如图 10‑93 所示。

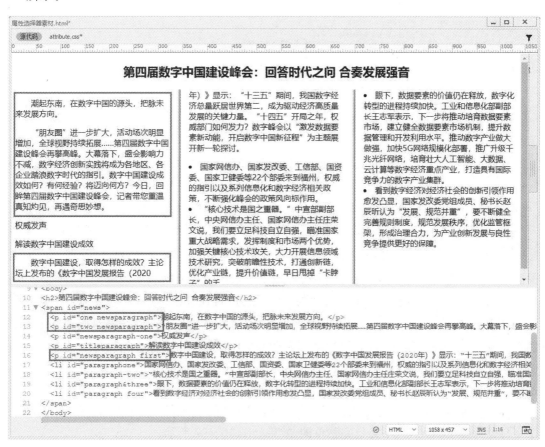

图 10‑93　文本缩进效果

单击【选择器】窗格中的"添加选择器"按钮 ，在出现的文本框中输入属性选择器"[id|="newsparagraph"]"，按 Enter 键。在【属性】窗格中选择"文本"类别 ，增加字符间距为 5 px(letter-spacing)，设置文本为特粗体 bolder(font-weight)，设置文本颜色为 coral （color）。设置在文本周围创建纯边框（无阴影）的样式（在外部样式表（attribute. css）中输入代码：text-shadow：－1 px 0 black，0 1 px black，1 px 0 black，0－1 px black，如图 10－94 所示）。

图 10－94　文字描边效果

属性选择器"［id｜＝"newsparagraph"］"选择 ID 名称以"newsparagraph"为开头的元素，"newsparagraph"必须是单独的单词或以连字符（-）与其他字符分隔开的单词，比如 id＝"newsparagraph"或 id＝"newsparagraph-one"，效果如图 10－94 所示。

单击【选择器】窗格中的"添加选择器"按钮 ，在出现的文本框中输入属性选择器"［id⁀＝"paragraph"］"，按 Enter 键。在【属性】窗格中选择"文本"类别 ，设置列表项标记的类型为实心方块（list-style-type：square），并使用图像来替换列表项的标记（list-style-image：url（.. /images/listimg. png）），设置列表项标记放置在文本以内，且环绕文本根据标记对齐（list-style-position：inside），如图 10－95 所示。（或选择"更多"类别 ，使用 list-style 的简写属性来规定列表项标记的类型以及位置，书写顺序：list-style-type、list-style-position、list-style-image，属性：list-style，属性值：square inside url（".. /images/listimg. png"），如图 10－96 所示。样式代码如图 10－98 所示。

属性选择器"［id⁀＝"paragraph"］"选择 ID 名称以"paragraph"为开头的元素，只需前几个字母是"paragraph"，且不必是完整单词，效果如图 10－97 所示。

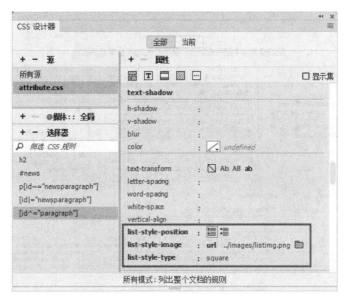

图 10‑95 给列表项标记添加自定义图像

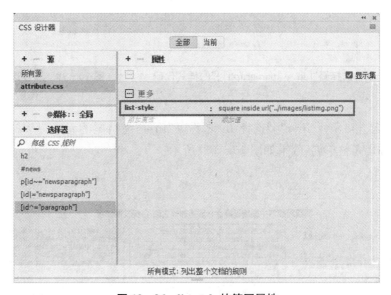

图 10‑96 list-style 的简写属性

单击【选择器】窗格中的"添加选择器"按钮 **+**，在出现的文本框中输入属性选择器"[id＄="first"]"，按 Enter 键。在【属性】窗格中选择"文本"类别 **T**，添加文本的修饰为下划线 **T**（text-decoration：underline）。样式代码如图 10‑99 所示。

图 10‑97　将图形设置为列表项标记

```
[id^="paragraph"] {
    list-style: square inside url("../images/listimg.png");
}
```

```
[id$="first"] {
    text-decoration: underline;
}
```

图 10‑98　属性选择器"［id^="paragraph"］"的样式代码

图 10‑99　属性选择器"［id $ = "first"］"的样式代码

　　属性选择器"［id $ ="first"］"选择 ID 名称以"first"为结尾的元素，只需后几个字母是"first"，且不必是完整单词，效果如图 10‑100 所示。

图 10‑100　下划线效果

单击【选择器】窗格中的"添加选择器"按钮，在出现的文本框中输入属性选择器"[id *＝"title"]"，按 Enter 键。在【属性】窗格中选择"文本"类别，设置字体样式为倾斜（font-style:oblique）。样式代码如图 10‑102 所示。

属性选择器"[id *＝"title"]"选择 ID 名称包含"title"的元素，且不必是完整单词，效果如图 10‑101 所示。

图 10‑101　倾斜效果

保存文档，按 F12 键预览效果，如图 10‑103 所示。

```
[id*="title"] {
    font-style: oblique;
}
```

图10‑102　属性选择器"[id *＝
　　　　　"title"]"的样式代码

图 10‑103　属性选择器最终效果

10.4.7 伪类(伪对象)选择器

1. 伪对象选择器

伪对象,又称伪元素,是在指定的 HTML 元素之外加上额外的信息(表 10-1)。有一些特定的标签是不支持伪对象 before 和 after 的。诸如<img>、<input>、<iframe>。语法格式如下:

> 选择器∷伪对象{
>   属性:属性值;
>   ……
>   }

<center>表 10-1</center>

伪对象	CSS 版本	说明
E∷first-letter/E∷∶first-lette	CSS1/3	定义对象内第一个字符的样式
E∶first-line/E∷∶first-line	CSS1/3	定义对象内第一行的样式
E∶after/E∷∶after	CSS2/3	与 content 属性一起使用,定义在对象后的内容
E∶before/E∷∶before	CSS2/3	与 content 属性一起使用,定义在对象前的内容
E∷∶placeholder	CSS3	定义对象文字占位符的样式(默认是浅灰色)
E∷∶selection	CSS3	定义对象被选择时的颜色(默认是蓝底白字)

(1) 创建并链接外部样式表

打开素材文件,打开【CSS 设计器】面板,单击【源】窗格中的"添加 CSS 源" ┿ ,在弹出菜单中,选择"创建新的 CSS 文件"选项,打开"创建新的 CSS 文件"对话框,单击"浏览"按钮,打开"将样式表文件另存为"对话框,指定保存 CSS 样式表的位置(css 文件夹)和 CSS 样式表的名称(pseudo-element),单击"保存"按钮,将新建的 CSS 样式表附加到文档("添加为"选项选择"链接"),单击"确定"按钮。此时,在 HTML 文档头部,使用<link>标签链接了新建的外部样式表(pseudo-element.css)。

(2) 定义类名称

定位在【代码】视图中的<span>标签中,状态栏中的标签选择器上显示该标签 span 被选中,在【实时】视图中,单击 span ┿ 图标上的添加类/ID 图标 ┿ ,输入类名称"photo",单击图标 ┿ 或按 Enter 键,弹出快捷菜单,默认选择源(pseudo-element.css),如图 10-104 所示。按 Enter 键。

- 选择源:选择本文档中已链接的样式表,或在页面中定义,或创建新的 CSS 文件。
- 选择媒体查询:选择文档中已创建的媒体查询,或创建新的媒体查询。

(3) 新建并应用 CSS 样式

选择【源】窗格中的"pseudo-element.css"选项,在【属性】窗格中选择"布局"类别 ,设置元素的定位类型为相对定位 relative(position),元素的宽度为 636 px(width),元素的高度为 423 px(height)。选择"文本"类别 ,设置文本所在高度为 30 px(line-height),如图 10-105 所示。

图 10-104　定义类名称

图 10-105　类选择器".photo"的属性设置

单击【选择器】窗格中的"添加选择器"按钮 ✚，在出现的文本框中输入标签选择器"p"，按 Enter 键。在【属性】窗格中选择"布局"类别 ▦，设置元素的宽度为 150 px(width)。选择"文本"类别 Ⓣ，设置水平对齐方式为居中 ≡(text-align：center)。选择"更多"类别 ⋯，设置文本行从上到下垂直流动，从左到右水平流动(属性：writing-mode，属性值：vertical-lr)，如图 10 - 106 所示。

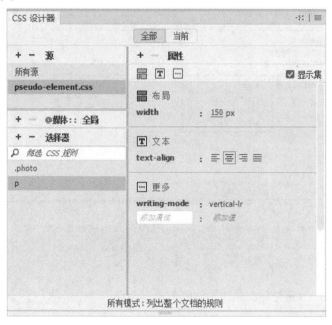

图 10 - 106　标签选择器"p"的属性设置

单击【选择器】窗格中的"添加选择器"按钮 ✚ ，在出现的文本框中输入伪对象选择器 "p∶∶first-line"，按 Enter 键。在【属性】窗格中选择"更多"类别 ▦ ，使用 font 的简写属性来 设置文本字体为方正欧阳荷庚行书简，字体大小为 x-large（书写顺序∶font-style、font-vari-ant、font-weight、font-size（必需）/line-height、font-family（必需），属性∶font，属性值∶x-large "方正欧阳荷庚行书简"），如图 10 - 107 所示。此处，伪对象选择器"p∶∶first-line"定义<p> 标签中第一行的字体样式。

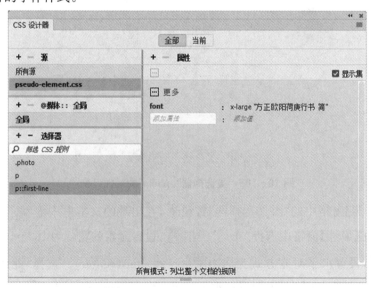

图 10 - 107　font 的简写属性

单击【选择器】窗格中的"添加选择器"按钮 **+**，在出现的文本框中输入伪对象选择器". photo：：before"，按 Enter 键。在【属性】窗格中选择"布局"类别，设置元素的宽度为 636 px（width），元素的高度为 423 px（height），元素的定位类型为绝对定位 absolute（position），上边缘和左边缘为 0 px（top、left，设置元素上、左边缘贴近父元素的边框），元素的堆叠顺序为 −1（z-index）。选择"更多"类别，插入空白内容（属性：content，属性值：""）。使用背景的简写属性来设置背景图像和不重复图像（书写顺序：background-color、background-image、background-repeat、background-attachment、background-position，属性：background，属性值：url（.. /images/jiaxianfang.jpg) no-repeat），如图 10 - 108 所示。对元素应用模糊的视觉效果（属性：filter，属性值：blur（3 px））。此处，伪对象选择器". photo：：before"定义在 ＜span＞标签前面插入内容，并设置所插入内容的样式。

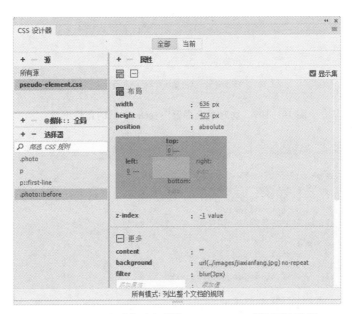

图 10 - 108　伪对象选择器". photo：：before"的属性设置

单击【选择器】窗格中的"添加选择器"按钮 **+**，在出现的文本框中输入伪对象选择器"：：selection"，按 Enter 键。在【属性】窗格中选择"文本"类别，设置文本颜色为白色 rgb（255,255,255）（color），背景颜色为 darkseagreen（background-color），如图 10 - 109 所示。伪对象选择器"：：selection"定义文本被选择时的颜色（默认是蓝底白字，此处设置为绿底白字）。

CSS 样式代码如图 10 - 110 所示，保存文档，按 F12 键预览效果，如图 10 - 111 所示。

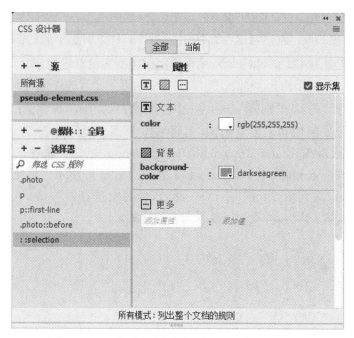

图 10 - 109　伪对象选择器"::selection"的属性设置

图 10 - 110　样式代码

图 10-111　最终效果

（图片来源：学习强国网址　https：//www. xuexi. cn/lgpage/detail/index. html？ id＝2386054888645328906&amp；i-tem_id＝2386054888645328906）

2. 伪类选择器

伪类用来指定 HTML 元素某个状态下的样式（表 10-2）。语法格式如下：

　　　选择器：伪类{

　　　　　属性：属性值；

　　　　　……

　　　}

表 10-2

伪类	CSS 版本	说明
E：link	CSS1	设置超链接 a 在未被访问前的样式
E：visited	CSS1	设置超链接 a 在其链接地址已被访问过时的样式
E：hover	CSS2/CSS1	设置元素在其鼠标悬停时的样式
E：active	CSS2/CSS1	设置元素在被用户激活（在鼠标点击与释放之间发生的事件）时的样式
E：focus	CSS2/CSS1	设置元素在成为输入焦点（该元素的 onfocus 事件发生）时的样式
E：lang()	CSS2	匹配使用特殊语言的 E 元素
E：not(s)	CSS3	匹配不含有 s 选择符的元素 E
E：root	CSS3	匹配 E 元素在文档的根元素
E：first-child	CSS2	匹配父元素的第一个子元素 E

伪类	CSS 版本	说明
E:last-child	CSS3	匹配父元素的最后一个子元素 E
E:only-child	CSS3	匹配父元素仅有的一个子元素 E
E:nth-child(n)	CSS3	匹配父元素的第 n 个子元素 E
E:nth-last-child(n)	CSS3	匹配父元素的倒数第 n 个子元素 E
E:first-of-type	CSS2	匹配同类型中的第一个同级兄弟元素 E
E:last-of-type	CSS3	匹配同类型中的最后一个同级兄弟元素 E
E:only-of-type	CSS3	匹配同类型中的唯一的一个同级兄弟元素 E
E:nth-of-type(n)	CSS3	匹配同类型中的第 n 个同级兄弟元素 E
E:nth-last-of-type(n)	CSS3	匹配同类型中的倒数第 n 个同级兄弟元素 E
E:empty	CSS3	匹配没有任何子元素(包括 text 节点)的元素 E
E:checked	CSS3	匹配用户界面上处于选中状态的元素 E(用于 input type 为 radio 与 checkbox 的 form 元素)
E:default	CSS3	匹配在一组相关元素中选取默认的元素 E
E:enabled	CSS3	匹配用户界面上处于可用状态的元素 E
E:disabled	CSS3	匹配用户界面上处于禁用状态的元素 E
E:target	CSS3	匹配相关 URL 指向的 E 元素
@page:first	CSS2	设置页面容器第一页使用的样式。仅用于 @page 规则
@page:left	CSS2	设置页面容器位于装订线左边的所有页面使用的样式。仅用于 @page 规则
@page:right	CSS2	设置页面容器位于装订线右边的所有页面使用的样式。仅用于 @page 规则
E:in-range	CSS3	匹配值在指定范围内的元素 E
E:out-of-range	CSS3	匹配值在指定范围之外的元素 E
E:read-only	CSS3	匹配只读(即指定了"readonly"属性)的元素 E
E:read-write	CSS3	匹配可读且可写的元素 E
E:optional	CSS3	匹配可选(即不带"required"属性)的元素 E
E:required	CSS3	匹配必填(即指定了"required"属性)的元素 E
E:invalid	CSS3	匹配选择值无效的元素 E。仅适用于有限制的表单元素,例如有 min 和 max 属性的 input 元素、具有合法电子邮件的 E-mail 字段或具有数值的 number 字段等
E:valid	CSS3	匹配拥有有效值的元素 E。适用元素同上
E:fullscreen	CSS3	匹配处于全屏模式的元素 E
E:indeterminate	CSS3	匹配处于不确定状态的元素 E

10.4.8　分组选择器

要使用相同的样式来样式化多个元素，我们可以使用逗号分隔每个元素名称。可以将任意多个选择器分组在一起，对此没有任何限制。对于页面中需要使用相同样式的地方只要书写一次 CSS 样式即可实现，从而减少了代码量，改善了 CSS 代码的结构。

（1）创建并链接外部样式表

打开素材文件，打开【CSS 设计器】面板，单击【源】窗格中的"添加 CSS 源"✚，在弹出菜单中，选择"创建新的 CSS 文件"选项，打开"创建新的 CSS 文件"对话框，单击"浏览"按钮，打开"将样式表文件另存为"对话框，指定保存 CSS 样式表的位置（css 文件夹）和 CSS 样式表的名称（group），单击"保存"按钮，将新建的 CSS 样式表附加到文档（"添加为"选项选择"链接"），单击"确定"按钮。此时，在 HTML 文档头部，使用＜link＞标签链接了新建的外部样式表（group. css）。

（2）新建并应用 CSS 样式

选择【源】窗格中的"group. css"选项，单击【选择器】窗格中的"添加选择器"按钮 ✚，在出现的文本框中输入分组选择器". header，. content，. footer"，按 Enter 键。在【属性】窗格中选择"布局"类别 ⊞，设置元素显示为块级元素（display：block），元素的外边距为 auto，使元素水平居中（设置速记，margin：auto），元素的内边距为 auto（设置速记，padding：auto）。选择"文本"类别 Ｔ，设置水平对齐方式为居中 ☰（text-align：center），如图 10 - 112 所示。

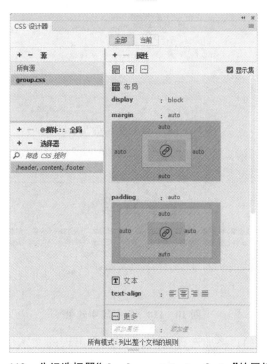

图 10‑112　分组选择器". header，. content，. footer"的属性设置

在【代码】视图中，为＜span＞标签定义类名称"header"，当输入"class＝"后，Dream-weaver CC 将显示文档中所有已定义了样式的类名称，单击相应的类名称即可，如图 10‑

113 所示。以上述方法为接下来的＜span＞标签定义类名称"content""footer"，效果如图 10－114 所示。

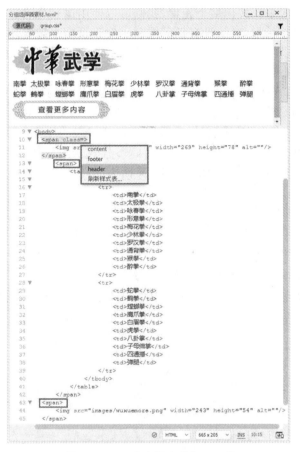

图 10－113　定义类名称"header"

图 10－114　水平居中效果

单击【选择器】窗格中的"添加选择器"按钮 ✚ ，在出现的文本框中输入标签选择器"table"，按 Enter 键。在【属性】窗格中选择"布局"类别 ▦ ，设置元素的外边距为 auto，使元素水平居中（设置速记，margin：auto），设置相邻单元格的边框间的距离为 20 px（border-spacing），如图 10－115 所示。（在【代码】视图中，将鼠标定位在＜table＞标签，直接在标签中输入具体属性值,<table align="center" cellspacing="20">,如图 10‐116 所示。或在菜单栏中选择"窗口">"属性",打开【属性】面板,设置表格的水平对齐方式为居中对齐,单元格的间距为 20,如图 10‐117 所示。)

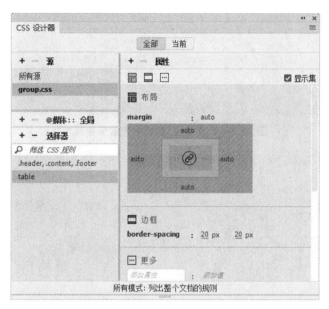

图 10‐115　标签选择器"table"的属性设置

图 10‐116　【代码】视图中设置表格属性

单击【选择器】窗格中的"添加选择器"按钮 ➕,在出现的文本框中输入标签选择器"td",按Enter 键。在【属性】窗格中选择"布局"类别 ▤,设置元素的宽度为 45 px(width),元素的高度为 228 px(height)。选择"文本"类别 **T**,设置文本大小为 25 px(font-size),文本颜色为白色 hsl(0,0%,100%)(color),设置文本阴影(text-shadow),水平阴影位置为 2 px(h-shadow),垂直阴影位置为 2 px(v-shadow),模糊距离 4 px(blur),阴影颜色为黑色♯000000(color)。选择"更多"类别，使用背景的简写属性来设置背景图像和不重复图像(书写顺序:background-color、background-image、background-repeat、background-attachment、background-position),属性:background,属性值:url(../images/wuxuebg.png) no-repeat)。如图 10 − 118 所示。

图 10 − 117　【属性】面板中设置表格属性

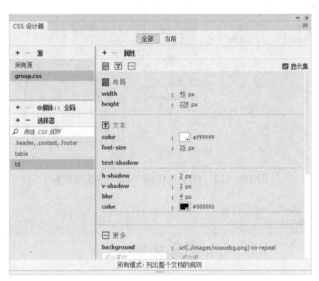

图 10 − 118　标签选择器"td"的属性设置

CSS 样式代码如图 10 − 119 所示,保存文档,按 F12 键预览效果,如图 10 − 120 所示。

```
group.css                                    □  □  ×
  1   @charset "utf-8";
  2 ▼ .header, .content, .footer {
  3     display: block;
  4     padding: auto;
  5     margin: auto;
  6     text-align: center;
  7   }
  8 ▼ table {
  9       margin:auto;
 10       border-spacing: 20px 20px;
 11   }
 12 ▼ td {
 13     width: 45px;
 14     height: 228px;
 15     font-size: 25px;
 16     color: #FFFFFF;
 17     text-shadow: 2px 2px 4px #000000;
 18     background: url(../images/wuxuebg.png) no-repeat;
 19   }
                         ⊘   CSS  ∨   INS  1:18      
```

图 10 − 119　样式代码

图 10‑120　最终效果

10.5　CSS 属性

CSS 样式表提供了丰富的 CSS 属性来对网页页面进行精确布局,使网页更加美观。通过【CSS 设计器】面板,用户可以设置所有的 CSS 样式属性,包括布局、文本、边框、背景等。

10.5.1　布局

1. 长度单位

为了保证页面元素能够在浏览器中完全显示并且布局合理,需要设定元素的间距和元素本身的边距,这些都离不开长度单位的使用。在 CSS 中,长度单位主要分为绝对单位和相对单位两种。

(1) 绝对单位是固定的,用任何一个绝对长度表示的长度都将恰好显示为这个尺寸(表 10‑3)。

表 10‑3

单位	描述
px	像素(1 px＝1/96th of 1 in)
pt	点 point(1pt＝1/72 of 1 in)
pc	派卡 pica(1 pc＝12 pt)
in	英寸(1 in＝96 px＝2.54 cm)
cm	厘米
mm	毫米

（2）相对单位相对于另一个长度属性的长度（表 10 - 4）。

表 10 - 4

单位	描述
%	百分比,相对于父元素
em	相对于当前对象内文本的字体大小(font-size)。如当前行内文本的字体尺寸未被人为设置,则相对于浏览器的默认字体尺寸。(2em 表示当前字体大小的 2 倍)
rem	相对于根元素<html>的字体大小
ex	相对于字符"x"的高度。此高度通常为字体尺寸的一半。如当前对行内文本的字体尺寸未被人为设置,则相对于浏览器的默认字体尺寸
ch	相对于数字"0"的宽度
vw	viewpoint width,视窗宽度,1vw＝视窗宽度的 1%
vh	viewpoint height,视窗高度,1vh＝视窗高度的 1%
vmin	当前 vw 和 vh 中较小的一个值
vmax	当前 vw 和 vh 中较大的一个值

2. CSS 盒子模型

CSS 盒子模型是学习 CSS 网页布局的基础。只有掌握了盒子模型,才能够理解页面各个元素在网页排版中的位置和关系。所有 HTML 元素都可以看作一个盒子,占据一定的页面空间。盒子模型是以方形为基础显示,由内容(content)、内边距(padding)、边框(border)、外边距(margin)4 个部分组成,如图 10 - 121 所示。网页就是由许多个盒子通过不同的排列方式(上下排列、并列排列、嵌套排列)堆积而成。

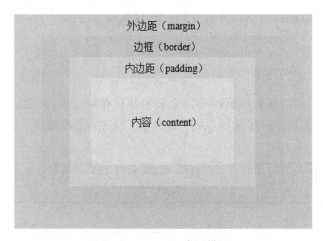

图 10 - 121　CSS 盒子模型

3. 属性

CSS 属性及其描述见表 10 - 5。

表 10 - 5

属性	描述
width	设置元素的宽度。默认为 auto
height	设置元素的高度。默认为 auto
min-width	设置元素的最小宽度
min-height	设置元素的最小高度
max-width	设置元素的最大宽度
max-height	设置元素的最大高度
display	设置一个元素应如何显示。它的属性值有：inherit(规定应该从父元素继承 display 属性的值)，none(元素不会被显示，且隐藏的元素不会占用任何空间)，list-item(元素会作为列表显示)，block(元素将显示为块级元素，此元素前后会带有换行符)，inline(默认值，元素会被显示为内联元素，元素前后没有换行符)，inline-block(行内块元素)，inline-table(元素会作为内联表格来显示，类似<table>，表格前后没有换行符)，table(元素会作为内联表格来显示，类似<table>，表格前后带有换行符)，table-caption(元素会作为一个表格标题显示，类似<caption>)，table-cell(元素会作为一个表格单元格显示，类似<td>和<th>)，table-column(元素会作为一个单元格列显示，类似<col>)，table-column-group(元素会作为一个或多个列的分组来显示，类似<colgroup>)，table-footer-group(元素会作为一个或多个行的分组来显示，类似<tfoot>)，table-header-group(元素会作为一个或多个行的分组来显示，类似<thead>)，table-row(元素会作为一个表格行显示，类似<tr>)，table-row-group(元素会作为一个或多个行的分组来显示，类似<tbody>)，run-in(元素会根据上下文作为块级元素或内联元素显示)，compact(分配对象为块对象或基于内容之上的内联对象，已经从 CSS2.1 中删除)，marker(指定内容在容器对象之前或之后。要使用此参数，对象必须和:after 及:before 伪对象一起使用，已经从 CSS2.1 中删除)
box-sizing	以某种方式定义某些元素，以适应指定区域。它的属性值有：content-box(指定元素的宽度和高度(最小/最大属性)适用于 box 的宽度和高度。元素的填充和边框布局和绘制指定宽度和高度除外)，border-box(指定宽度和高度(最小/最大属性)确定元素边框。也就是说，对元素指定宽度和高度包括了 padding 和 border)，inherit(规定应从父元素继承 box-sizing 属性的值)
margin	设置元素的上下左右外边距。分别在 top(上)、right(右)、bottom(下)、left(左)输入相应的值。可以使用负值，重叠的内容。若需设置四个相同的外边距，则单击中心位置的图标，再在某个边距上输入具体值即可。简写属性书写顺序：margin-top、margin-right、margin-bottom、margin-left，其中，设置三个属性值：上外边距、右和左外边距、下外边距；设置两个属性值：上和下外边距、右和左外边距；设置一个属性值：所有四个外边距。可以将 margin 属性设置为 auto，以使元素在其容器中水平居中
padding	设置元素的上下左右内边距。不允许使用负值。简写属性同上
position	规定元素的定位类型。元素的位置通过"left""top""right"以及"bottom"属性进行规定。它的属性值有：static(默认值。没有定位，元素出现在正常的流中)，absolute(绝对定位，相对于其上一个已经定位的父元素进行定位，如果没有已定位的父元素，它将使用文档主体(body)，并随页面滚动一起移动)，fixed(固定定位，相对于浏览器窗口进行定位)，relative(相对定位，相对于其原标准流的位置进行定位)

属性	描述
float	定义元素在哪个方向浮动。它的属性值有：left(元素向左浮动),right(元素向右浮动),none(默认值,元素不浮动,并会显示在其在文本中出现的位置)
clear	规定元素的哪一侧不允许其他浮动元素。它的属性值有：left(在左侧不允许浮动元素),right(在右侧不允许浮动元素),both(在左右两侧均不允许浮动元素),none(默认值,允许浮动元素出现在两侧)
overflow-x	如果溢出元素内容区域,是否对内容的左/右边缘进行裁剪。它的属性值有：visible(不裁剪内容,可能会显示在内容框之外),hidden(裁剪内容,不提供滚动机制),scroll(裁剪内容,提供滚动机制),auto(如果溢出框,则提供滚动机制),no-display(如果内容不适合内容框,则删除整个框),no-content(如果内容不适合内容框,则隐藏整个内容)
overflow-y	如果溢出元素内容区域,是否对内容的上/下边缘进行裁剪。属性值同上
visibility	规定元素是否可见。它的属性值有：visible(默认值,元素是可见的),hidden(元素是不可见的,但隐藏的元素仍需占用与未隐藏之前一样的空间),collapse(当在表格元素中使用时,此值可删除一行或一列,但是它不会影响表格的布局。被行或列占据的空间会留给其他内容使用。如果此值被用在其他的元素上,会呈现为"hidden"),inherit(规定应该从父元素继承 visibility 属性的值)
z-index	设置元素的堆叠顺序。拥有更高堆叠顺序的元素总是会处于堆叠顺序较低的元素的前面。它的属性值有：auto(默认值,堆叠顺序与父元素相等),value(设置元素的堆叠顺序,值可以为正,也可以为负),inherit(规定应该从父元素继承 visibility 属性的值)
opacity	设置元素的不透明级别。从 0.0(完全透明)到 1.0(完全不透明),inherit(规定应该从父元素继承 visibility 属性的值)

10.5.2 文本

1. CSS 颜色

在 CSS 中,可以使用颜色名称、RGB 值、HEX 值、HSL 值、RGBA 值或者 HSLA 值来指定颜色。

(1) 颜色名称

17 种标准颜色:浅绿色 aqua,黑色 black,蓝色 blue,紫红色 fuchsia,灰色 gray,绿色 green,石灰 lime,栗色 maroon,海军 navy,橄榄 olive,橙色 orange,紫 purple,红 red,银 silver,蓝绿色 teal,白色 white 和黄色 yellow。

(2) RGB 颜色

语法格式:rgb(red,green,blue)

每个参数(red、green 以及 blue)定义了 0 到 255 之间的颜色强度。

(3) HEX 颜色

使用♯rrggbb 格式的十六进制值指定颜色,其中 rr(红色)、gg(绿色)和 bb(蓝色)是介于 00 和 ff 之间的十六进制值(与十进制 0—255 相同)。

（4）HSL 颜色

HSL 颜色是使用色相、饱和度和明度来指定颜色。

语法格式：hsla(hue,saturation,lightness)

色相(hue)是色轮上从 0 到 360 的度数。0 是红色,120 是绿色,240 是蓝色。

饱和度(saturation)可以描述为颜色的强度,是一个百分比值,0% 表示完全灰色,而 100% 是纯色。

亮度(lightness)也是百分比,0% 是黑色(不亮),50% 是既不明也不暗,100% 是白色(全明)。

（5）RGBA 颜色

RGBA 颜色值是具有 Alpha 通道的 RGB 颜色值的扩展,它指定了颜色的不透明度。

语法格式：rgba(red, green, blue, alpha)

alpha 参数是介于 0.0(完全透明)和 1.0(完全不透明)之间的数字。

（6）HSLA 颜色

HSLA 颜色值是带有 Alpha 通道的 HSL 颜色值的扩展,它指定了颜色的不透明度。

语法格式：hsla(hue,saturation,lightness,alpha)

alpha 参数是介于 0.0(完全透明)和 1.0(完全不透明)之间的数字。

2. 属性

文本的属性及其描述见表 10 - 6。

表 10 - 6

属性	描述
color	设置文本颜色,可以通过颜色选择器选取,也可以直接在文本框中输入颜色值
font-family	设置字体。可以包含多种字体名称,字体名称应以逗号分隔,如果浏览器不支持第一种字体,它将尝试下一种字体
font-style	设置字体样式,包括 normal 正常、italic 斜体和 oblique 倾斜的文字三个选项
font-variant	设置文本的小型大写字母的字体显示文本。所有使用小型大写字体的字母与其余文本相比,其字体尺寸更小。它的属性值有：normal(默认值,浏览器会显示一个标准的字体),small-caps(浏览器会显示小型大写字母的字体)
font-weight	设置文本的粗细。它的属性值有：normal(默认值,定义标准的字符,相当于 400)、bold(粗体,相当于 700)、bolder(特粗体)、lighter(细体)、100、200、300、400、500、600、700、800、900
font-size	定义文本大小。普通文本(如段落)的默认大小为 16 px(16 px＝1em)
line-height	设置文本所在行高度。选择 normal,则由系统自动计算行高和字体大小,也可以直接在其中输入具体的行高数值
text-align	设置文本的水平对齐方式。它的属性值有：left(默认值,左对齐),right(右对齐),center(居中对齐),justify(两端对齐)
text-decoration	规定添加到文本的修饰。它的属性值有：none(默认值,定义标准的文本),underline(下划线),overline(上划线),line-through(删除线)
text-indent	设置首行文本的缩进。默认值为 0,可以设置为负值

属性	描述
text-shadow	设置文本阴影。其中:h-shadow(必需,水平阴影的位置,允许负值),v-shadow(必需,垂直阴影的位置,允许负值),blur(可选,模糊的距离),color(可选,阴影的颜色)。可以为文本添加多个阴影,用逗号分隔各个阴影列表
text-transform	控制文本的大小写。它的属性值有:none(默认值,使用源文档中的原有大小写),capitalize(文本中每个单词的首字母大写),uppercase(全部大写),lowercase(全部小写)
letter-spacing	增加或减少字符间的空白(字符间距)。选择 normal(默认值),则规定字符间没有额外的空间,也可以直接在其中输入具体的字符间距,可以设置为负值,减小字符间距
word-spacing	增加或减少字(单词)间的空白(即字间隔)。属性值同上

white-space	设置如何处理元素内的空白。它的属性值有:normal(默认值,空白会被浏览器忽略),pre(空白会被浏览器保留。其行为方式类似 HTML 中的<pre>标签),nowrap(文本不会换行,文本会在同一行上继续,直到遇到
	标签为止),pre-wrap(保留空白符序列,但是正常地进行换行),pre-line(合并空白符序列,但是保留换行符)

vertical-align	设置元素的垂直对齐方式。它的属性值有:baseline(默认值,元素放置在父元素的基线上),sub(垂直对齐文本的下标),super(垂直对齐文本的上标),top(把元素的顶端与行中最高元素的顶端对齐),text-top(把元素的顶端与父元素字体的顶端对齐),middle(把此元素放置在父元素的中部),bottom(把元素的顶端与行中最低的元素的顶端对齐),text-bottom(把元素的底端与父元素字体的底端对齐)
list-style-position	设置在何处放置列表项标记。它的属性值有:inside(列表项目标记放置在文本以内,且环绕文本根据标记对齐),outside(默认值,保持标记位于文本的左侧,列表项目标记放置在文本以外,且环绕文本不根据标记对齐)
list-style-image	使用图像来替换列表项的标记,即指定作为一个有序或无序列表项标志的图像
list-style-type	设置列表项标记的类型。它的属性值有:none(无标记),disc(默认值,实心圆),circle(空心圆),square(实心方块),decimal(数字),decimal-leading-zero(0 开头的数字标记,01,02,03 等),lower-roman(小写罗马数字,i,ii,iii,iv,v 等),upper-roman(大写罗马数字,I,II,III,IV,V 等),lower-alpha(小写英文字母,a,b,c,d,e 等),upper-alpha(大写英文字母,A,B,C,D,E 等),lower-greek(小写希腊字母,alpha,beta,gamma 等),lower-latin(小写拉丁字母,a,b,c,d,e 等),upper-latin(大写拉丁字母,A,B,C,D,E 等),hebrew(传统的希伯来编号方式),armenian(传统的亚美尼亚编号方式),georgian(传统的乔治亚编号方式,an,ban,gan 等),cjk-ideographic(简单的表意数字),hiragana(日文片假名,a,i,u,e,o,ka,ki 等),katakana(日文片假名,A,I,U,E,O,KA,KI 等),hiragana-iroha(日文片假名,i,ro,ha,ni,ho,he,to 等),katakana-iroha(日文片假名,I,RO,HA,NI,HO,HE,TO 等)

10.5.3 边框

文本的边框属性及其描述见表 10-7。

表 10 - 7

属性	描述
border	设置所有的边框属性。可在所有边、顶部 top、右侧 right、底部 bottom、左侧 left 标签中设置相应的边框宽度、边框样式和边框颜色。简写属性书写顺序：border-width、border-style(必需)、border-color
border-width	为元素的所有边框设置宽度，或者单独地为各边边框设置宽度。选择 thin(细边框)、medium(默认值，中等边框)、thick(粗边框)，也可以直接在其中输入具体的宽度数值。简写属性书写顺序：border-top-width、border-right-width、border-bottom-width、border-left-width，其中，设置三个属性值：上边框、右和左边框、下边框；设置两个属性值：上和下边框、右和左边框；设置一个属性值：所有四个边框
border-style	设置元素所有边框的样式，或者单独地为各边设置边框样式(border-top-style、border-right-style、border-bottom-style、border-left-style)，简写属性同上。它的属性值有：none(定义无边框)，hidden(与"none"相同，不过应用于表时除外，对于表，hidden 用于解决边框冲突)，dotted(点状边框)，dashed(虚线)，solid(实线)，double(双线。双线的宽度等于 border-width 的值)，groove(3D 凹槽边框，其效果取决于 border-color 的值)，ridge(3D 垄状边框，其效果取决于 border-color 的值)，inset(3D 凹边框，其效果取决于 border-color 的值)，outset(3D 凸边框，其效果取决于 border-color 的值)
border-color	设置四条边框的颜色(border-top-color、border-right-color、border-bottom-color、border-left-color)，简写属性同上。可以通过颜色选择器选取，也可以直接在文本框中输入颜色值
border-radius	设置元素的外边框圆角。简写属性：border-top-left-radius、border-top-right-radius、border-bottom-right-radius、border-bottom-left-radius，其中，设置三个属性值：左上角、右上角和左下角、右下角；设置两个属性值：左上角和右下角、右上角和左下角；设置一个属性值：所有四个角。设置为 50%，则呈现为椭圆或圆形
border-collapse	设置表格的边框是否被合并为一个单一的边框，还是像在标准的 HTML 中那样分开显示。它的属性值有：separate(默认值，边框会被分开。不会忽略 border-spacing 和 empty-cells 属性)，collapse(如果可能，边框会合并为一个单一的边框。会忽略 border-spacing 和 empty-cells 属性)
border-spacing	设置相邻单元格的边框间的距离(仅用于"边框分离"模式)

10.5.4　背景

文本的背景属性及其描述见表 10 - 8。

表 10 - 8

属性	描述
background-color	设置元素的背景颜色
background-image	设置元素的背景图像。可以为一个元素添加多幅背景图像，不同的背景图像用逗号隔开，并且图像会彼此堆叠，其中的第一幅图像最靠近观看者
gradients	设置渐变。角度：默认值 180deg 等于向下(to bottom)，值 0deg 等于向上(to top)，值 90deg 等于向右(to right)，值-90deg 等于向左(to left)

属性	描述
background-position	设置背景图像的起始位置。第一个值是水平位置,可设置为 left,right,center,也可以直接在其中输入具体的数值,第二个值是垂直位置,可设置为 top,bottom,center,也可以直接在其中输入具体的数值。左上角是 0% 0%(或 0 px 0 px……)。右下角是 100% 100%
background-size	设置背景图像的尺寸。第一个值设置宽度,第二个值设置高度。选择 cover,则把背景图像扩展至足够大,以使背景图像完全覆盖背景区域;选择 contain,把图像扩展至最大尺寸,以使其宽度和高度完全适应内容区域;也可以直接在其中输入具体的尺寸
background-clip	设置背景的绘制区域。它的属性值有:border-box(背景被裁剪到边框盒),padding-box(背景被裁剪到内边距框),content-box(背景被裁剪到内容框)
background-repeat	设置是否及如何重复背景图像。它的属性值有:repeat(背景图像将在垂直方向和水平方向重复),repeat-x(背景图像将在水平方向重复),repeat-y(背景图像将在垂直方向重复),no-repeat(背景图像将仅显示一次)
background-origin	规定 background-position 属性相对于什么位置来定位。它的属性值有:padding-box(背景图像相对于内边距框来定位),border-box(背景图像相对于边框盒来定位),content-box(背景图像相对于内容框来定位)。如果背景图像的 background-attachment 属性为"fixed",则该属性没有效果
background-attachment	设置背景图像是否固定或者随着页面的其余部分滚动(滚动模式)。它的属性值有:scroll(默认值,背景图像会随着页面其余部分的滚动而移动),fixed(固定,即当页面的其余部分滚动时,背景图像不会移动)
box-shadow	向框添加一个或多个阴影。其中:h-shadow(必需,水平阴影的位置,允许负值),v-shadow(必需,垂直阴影的位置,允许负值),blur(可选,模糊距离),spread(可选,阴影的尺寸),color(可选,阴影的颜色),inset(可选,将外部阴影(outset)改为内部阴影)

10.5.5 更多

1. 轮廓

轮廓位于边框边缘的外围,可起到突出元素的作用,并且可能与其他内容重叠。轮廓不会占据空间,不是元素尺寸的一部分,元素的总宽度和高度不受轮廓线宽度的影响(表 10 - 9)。

表 10 - 9

属性	描述
outline	设置元素的轮廓属性。简写属性书写顺序:outline-width、outline-style(必需)、outline-color
outline-style	设置轮廓的样式。它的属性值有:dotted(定义点状的轮廓),dashed(定义虚线轮廓),solid(定义实线轮廓),double(定义双线轮廓。双线的宽度等同于 outline-width 的值),groove(定义 3D 凹槽轮廓。此效果取决于 outline-color 值),ridge(定义 3D 凸槽轮廓。此效果取决于 outline-color 值),inset(定义 3D 凹边轮廓。此效果取决于 outline-color 值),outset(定义 3D 凸边轮廓。此效果取决于 outline-color 值),none(定义无轮廓),hidden(定义隐藏的轮廓)

续表

属性	描述
outline-width	设置轮廓的宽度。它的属性值有:thin(细轮廓,通常为 1 px),medium(默认值,中等的轮廓,通常为 3 px),thick(粗的轮廓,常为 5 px),length(输入轮廓粗细的值)
outline-color	设置轮廓的颜色。属性值 invert,执行颜色反转(确保无论颜色背景如何,轮廓都是可见的)
outline-offset	设置轮廓与边框边缘的距离。元素及其轮廓之间的空间是透明的

2. 文本效果

文本效果的属性及其描述见表 10 - 10。

表 10 - 10

属性	描述
direction	设置文本的方向/书写方向。它的属性值有:tr(默认值,文本方向从左到右),rtl(文本方向从右到左)
unicode-bidi	与 direction 属性一起使用,设置或返回是否应重写文本来支持同一文档中的多种语言
writing-mode	设置文本行是水平放置还是垂直放置。它的属性值有:horizontal-tb(让内容从左到右水平流动,从上到下垂直流动),vertical-rl(让内容从上到下垂直流动,从右到左水平流动),vertical-lr(让内容从上到下垂直流动,从左到右水平流动)
word-break	使长文字能够被折断并换到下一行。它的属性值有:normal,只在允许的断字点换行(浏览器保持默认处理)。break-word,在长单词或 URL 地址内部进行换行
word-wrap	指定换行规则,主要针对英文或阿拉伯数字。它的属性值有:normal(使用浏览器默认的换行规则),break-all(允许在单词内换行),keep-all(只能在半角空格或连字符处换行)
text-overflow	规定应如何向用户呈现未显示的溢出内容。它的属性值有:clip(修剪文本),ellipsis(显示省略符号来代表被修剪的文本),string(使用给定的字符串来代表被修剪的文本)
column-count	规定元素应被划分的列数
column-gap	规定列之间的间隔
column-rule	规定列之间的宽度、样式和颜色规则。简写属性书写顺序:column-rule-width、column-rule-style、column-rule-color
column-rule-style	规定列之间的样式规则。它的属性值有:none(定义没有规则),hidden(定义隐藏规则),dotted(定义点状规则),dashed(定义虚线规则),solid(定义实线规则),double(定义双线规则),groove(定义 3D 凹槽规则。该效果取决于宽度和颜色值),ridge(定义 3D 垄状规则。该效果取决于宽度和颜色值),inset(定义 3D 凹边规则。该效果取决于宽度和颜色值),outset(定义 3D 凸边规则。该效果取决于宽度和颜色值)
column-rule-width	规定列之间的宽度规则。它的属性值有:thin(定义纤细规则),medium(定义中等规则),thick(定义宽厚规则),length(规定规则的宽度)
column-rule-color	规定列之间的颜色规则
column-span	规定元素跨越多少列。它的属性值有:1(元素应横跨一列),all(元素应横跨所有列)
column-width	为列指定建议的最佳宽度

续表

属性	描述
content	与:before 及:after 伪元素配合使用,来定义元素之前或之后插入生成内容。它的属性值有:normal(默认值,不生成内容),"string"(定义文本内容),attr()(定义显示在该选择器之前或之后的选择器的属性),url()(设置某种媒体,比如图像、声音、视频等),counter(设定计数器内容)

3. 鼠标效果

鼠标效果的属性及其描述见表 10 - 11。

表 10 - 11

属性	描述
cursor	设置要显示的光标的类型(形状)。它的属性值有:url(需使用的自定义光标的 URL),default(默认光标,通常是一个箭头),auto(默认。浏览器设置的光标),crosshair(光标呈现为十字线),pointer(光标呈现为指示链接的指针),move(此光标指示某对象可被移动),e-resize(此光标指示矩形框的边缘可被向右(东)移动),ne-resize(此光标指示矩形框的边缘可被向上及向右移动(北/东)),nw-resize(此光标指示矩形框的边缘可被向上及向左移动(北/西)),n-resize(此光标指示矩形框的边缘可被向上(北)移动),se-resize(此光标指示矩形框的边缘可被向下及向右移动(南/东)),sw-resize(此光标指示矩形框的边缘可被向下及向左移动(南/西)),s-resize(此光标指示矩形框的边缘可被向下移动(南)),w-resize(此光标指示矩形框的边缘可被向左移动(西)),text(此光标指示文本),wait(此光标指示程序正忙),help(此光标指示可用的帮助)
resize	规定是否可由用户调整元素的尺寸。如果希望此属性生效,需要设置元素的 overflow 属性,值可以是 auto、hidden 或 scroll。它的属性值有:none(用户无法调整元素的尺寸),both(用户可调整元素的高度和宽度),horizontal(用户可调整元素的宽度),vertical(用户可调整元素的高度)

4. 边框图像

边框图像的属性及其描述见表 10 - 12。

表 10 - 12

属性	描述
border-image	设置边框图片属性。简写属性书写顺序:border-image-source、border-image-slice、border-image-width、border-image-outset、border-image-repeat
border-image-source	设置要使用的图像的路径
border-image-slice	设置图片上、右、下、左侧边框的向内偏移。数字值,代表图像中像素(如果是光栅图像)或矢量坐标(如果是矢量图像)。相对于图像尺寸的百分比值:图像的宽度影响水平偏移,高度影响垂直偏移。fill,保留边框图像的中间部分
border-image-width	设置图片边框的宽度。数字值,代表对应的 border-width 的倍数。百分比值,参考边框图像区域的尺寸,区域的高度影响水平偏移,宽度影响垂直偏移。auto,宽度为对应的图像切片的固有宽度
border-image-outset	设置边框图像区域超出边框的量
border-image-repeat	设置图像边框是否应平铺(repeated)、铺满(rounded)或拉伸(stretched)

5. 图像滤镜 filter

定义元素(通常是<img>)的视觉效果(如模糊和饱和度)。如需使用多个滤镜,则用空

格分隔每个滤镜。使用百分比值(例如 75%)的滤镜,值也可以是十进制(例如 0.75),见表
10‒13。

表 10‒13

滤镜	描述
none	默认值。规定无效果
blur(px)	对图像应用模糊效果。较大的值将产生更多的模糊
brightness(%)	调整图像的亮度。0%将使图像完全变黑。默认值是 100%,代表原始图像。值超过 100%将提供更明亮的结果
contrast(%)	调整图像的对比度。0%将使图像完全变黑。默认值是 100%,代表原始图像。值超过 100%将提供更具对比度的结果
drop-shadow (h-shadow v-shadow blur spread color)	对图像应用阴影效果。这个滤镜类似 box-shadow 属性。可能的值:h-shadow(必需),指定水平阴影的像素值。负值会将阴影放置在图像的左侧。v-shadow(必需),指定垂直阴影的像素值。负值会将阴影放置在图像上方。blur(可选),单位必须用像素,为阴影添加模糊效果,值越大创建的模糊就越多(阴影会变得更大更亮),不允许负值,如果未规定值,会使用 0(阴影的边缘很锐利)。spread(可选),单位必须用像素,正值将导致阴影扩展并增大,负值将导致阴影缩小,如果未规定值,会使用 0(阴影与元素的大小相同)。color(可选),为阴影添加颜色,如果未规定,则颜色取决于浏览器(通常为黑色)
grayscale(%)	将图像转换为灰阶。0%(0)是默认值,代表原始图像。100%将使图像完全变灰(用于黑白图像)。不允许负值
hue-rotate(deg)	在图像上应用色相旋转。该值定义色环的度数。默认值为 0deg,代表原始图像。最大值是 360deg
invert(%)	反转图像中的样本。0%(0)是默认值,代表原始图像。100%将使图像完全反转。不允许负值
opacity(%)	设置图像的不透明度级别。其中:0%为完全透明。100%(1)是默认值,代表原始图像(不透明)。不允许负值。这个滤镜类似 opacity 属性
saturate(%)	设置图像的饱和度。0%是完全不饱和,100%(1)是默认值,图像无变化。超过 100%则有更高的饱和度。不允许负值
sepia(%)	将图像转换为棕褐色。0%(0)是默认值,代表原始图像。100%将使图像完全变为棕褐色。不允许负值
url()	url()函数接受规定 SVG 滤镜的 XML 文件的位置,并且可以包含指向特定滤镜元素的锚点

6. 过渡效果

过渡效果的属性及其描述见表 10‒14。

表 10‒14

属性	描述
transition	设置过渡效果属性。简写属性书写顺序:transition-property、transition-duration、transition-timing-function、transition-delay
transition-property	规定设置过渡效果的 CSS 属性的名称。它的属性值有:none(没有属性会获得过渡效果),all(所有属性都将获得过渡效果),property(定义应用过渡效果的 CSS 属性名称列表,列表以逗号分隔)

续表

属性	描述
transition-duration	规定完成过渡效果需要多少秒或毫秒。默认值是 0,意味着不会有效果
transition-timing-function	规定速度效果的速度曲线。它的属性值有:linear(规定以相同速度开始至结束的过渡效果,等于 cubic-bezier(0,0,1,1)),ease(规定慢速开始,然后变快,然后慢速结束的过渡效果,等于 cubic-bezier(0.25,0.1,0.25,1)),ease-in(规定以慢速开始的过渡效果,等于 cubic-bezier(0.42,0,1,1)),ease-out(规定以慢速结束的过渡效果,等于 cubic-bezier(0,0,0.58,1)),ease-in-out(规定以慢速开始和结束的过渡效果(等于 cubic-bezier(0.42,0,0.58,1)),cubic-bezier(n,n,n,n)(在 cubic-bezier 函数中定义自己的值,可能的值是 0 至 1 之间的数值)
transition-delay	规定在过渡效果开始之前需要等待的时间,以秒或毫秒计

课后习题

制作"体育产业"网页

知识要点:使用"CSS 设计器"命令,打开【CSS 设计器】面板;单击"添加 CSS 源"按钮,创建外部样式表;单击"添加选择器"按钮,添加不同类型的选择器;在【属性】窗格中选择"布局""文本""边框""背景""更多"类别进行相关属性设置。

第 10 章习题详解

第 11 章　层

学习导航

Div 结合 CSS 是当前主流的网页设计与布局标准，与表格布局方式相比，它可以实现网页页面内容与格式分离。本章主要讲解层的基本概念、使用方法、Div＋CSS 布局网页等内容。

知识要点	学习难度
了解层的概念	★
掌握层的基本使用方法	★★★
掌握 Div+CSS 布局方法、常见的布局类型	★★★★

11.1　层的概述和基本使用方法

11.1.1　层的概述

Div(division)是层叠样式表的定位技术，可以把 Div 理解成一个容器，可以放置标题、段落、图片等任何 HTML 元素。<div>标签定义 HTML 文档中的一个分隔区块或者一个区域部分。层在排版中比表格和框架都要灵活，如可重叠、移动、显示或隐藏等，因此，目前网页界面的布局基本上都是利用层来实现的，再配合 CSS 进行外观上的美化。

Div 与 span 的区别：

对于初学者来说，<div>和<span>这两个标签常常被混淆，因为大部分的<div>标签都可以使用<span>标签来代替，并且其运行效果完全一样。可以这样说，在使用区块对 HTML 元素进行包含方面，<div>标签与<span>标签作用基本一样。

<div>标签与<span>标签的区别在于，<div>标签是一个块级元素，其包含的元素会自动换行；而<span>标签是一个行内元素，其前后并不会发生换行。<div>标签可以包含<span>标签元素，但<span>标签一般不包含<div>标签。

在网页设计中，对于较大的块可以使用<div>标签来完成，而对于具有独特样式的单独 HTML 元素，可以使用<span>标签完成。

11.1.2　层的基本使用方法

1. 插入层

在【设计】视图中,将光标定位在需要添加 Div 的位置,在菜单栏中选择"插入">"HT-ML">"Div"命令(或选择【插入】面板的 HTML 选项卡,单击"Div"按钮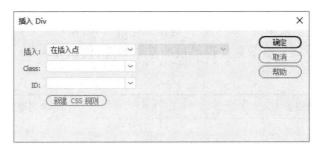),打开"插入 Div"对话框,如图 11-1 所示,在"插入"下拉列表中选择相应选项,在"Class"下拉列表框中输入类名称或选择已有的类(或在"ID"下拉列表框中输入 ID 名称),单击"确定"按钮,即可插入 Div,如图 11-2 所示。

图 11-1　"插入 Div"对话框

图 11-2　插入 Div

- 【插入】:选择插入<div>标签的位置,可以在插入点(插入到当前光标所指示的位置)、在标签开始之后(插入到<body>开始标签之后)、在标签结束之前(插入到<body>结束标签之前)插入<div>标签。当选定了对象,则插入位置可选以下三个选项:在选定内容旁换行(可实现元素嵌套,如图 11-3 所示)、在标签开始之后、在标签结束之前。

图 11 - 3 元素嵌套

(图片来源：学习强国网址 https://www. xuexi. cn/lgpage/detail/index. html？id＝11005229902266297545&item_id=11005229902266297545)

- 【Class】：设置＜div＞标签的类名称，如果附加了样式表，则该样式表中定义的类将出现在列表中，可以使用此弹出菜单选择要应用于标签的样式。
- 【ID】：设置＜div＞标签的 ID 名称。
- 【新建 CSS 规则】：单击该按钮，打开"新建 CSS 规则"对话框，可以新建 CSS 样式，如图 11 - 4 所示。

图 11 - 4 "新建 CSS 规则"对话框

2. 选择层

方法一：在【设计】视图中，单击＜div＞标签的边框。

方法二：在【设计】视图中，将光标定位在<div>标签内，然后按两次 Ctrl＋A。

方法三：在文档窗口底部的标签选择器中选择<div>标签。

方法四：在【DOM】面板中选择<div>标签。

选中 Div 后，Dreamweaver CC 将高亮显示标签的边框，如图 11-5 所示，且显示<div>标签的【属性】面板，可设置<div>标签的类名称和 ID 名称，如图 11-6 所示。

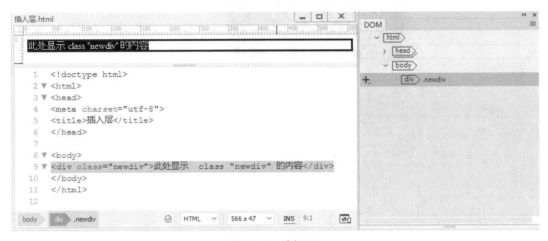

图 11-5 选择 Div

图 11-6 <div>标签的【属性】面板

3. 在层中插入对象

层可看作是一个相当大的容器，无论是文本、图像、动画还是视频均可插入，甚至还可插入表格在层中进行布局。插入的方法与在页面中插入元素的方法是一样的。

4. 插入嵌套层

在【设计】视图中，将光标定位在需要插入 Div 中，在菜单栏中选择"插入"＞"HTML"＞"Div"命令，打开"插入 Div"对话框，在"插入"下拉列表框中选择"在插入点"，在"ID"下拉列表框中输入 ID 名称"header"，单击"确定"按钮，如图 11-7 所示。选择【插入】面板的 HTML 选项卡，单击"Div"按钮 ，打开"插入 Div"对话框，在"插入"下拉列表框中选择"在标签后"，在第二个下拉列表中选择<div id＝"header">标签，在"ID"下拉列表框中输入 ID 名称"main"，单击"确定"按钮，如图 11-8 所示。在【插入】面板中单击"Div"按钮，打开"插入Div"对话框，在"插入"下拉列表框中选择"在标签后"，在第二个下拉列表中选择<div id＝"main">标签，在"ID"下拉列表框中输入 ID 名称"footer"，单击"确定"按钮。"插入"下拉列表框中有如图 11-9 所示的 5 个选项。

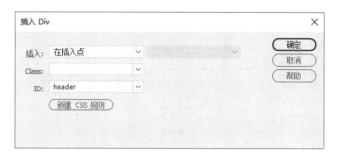

图 11 - 7　插入 ID 名称为"header"的 Div

图 11 - 8　插入 ID 名称为"main"的 Div　　　　图 11 - 9　插入 ID 名称为"footer"的 Div

将光标定位在 ID 名称为"main"的 Div 中,删除 Div 中多余文字(此处显示 id "main" 的内容),在【插入】面板中单击"Div"按钮,打开"插入 Div"对话框,在"插入"下拉列表框中选择"在标签开始之后",在第二个下拉列表中选择<div id="main">标签,在"ID"下拉列表框中输入 ID 名称"main_left",单击"确定"按钮,如图 11 - 10 所示。在【插入】面板中单击"Div"按钮,打开"插入 Div"对话框,在"插入"下拉列表框中选择"在标签结束之前",在第二个下拉列表中选择<div id="main">标签,在"ID"下拉列表框中输入 ID 名称"main_right",单击"确定"按钮。效果如图 11 - 11 所示。

图 11 - 10　插入 ID 名称为"main_left"的 Div

图 11-11　嵌套 Div

11.2　Div+CSS 布局

Div+CSS 是网站标准(或称"WEB 标准")中常用术语之一,Div+CSS 是一种网页的布局方法。这种网页布局方法有别于传统的 HTML 网页设计语言中的表格(table)定位方式,真正地达到了 W3C 内容与表现相分离。Div+CSS 布局具有以下优势:

1. 符合 W3C 标准。微软等公司均为 W3C 支持者。这一点是最重要的,因为这保证了网站不会因为网络应用的升级而被淘汰。

2. 支持浏览器的向后兼容,即无论未来的浏览器如何发展,哪个浏览器成为主流,网站都能很好地兼容。

3. 搜索引擎更加友好。相对于传统的 table,采用 Div+CSS 技术的网页,对于搜索引擎的收录更加友好。

4. 样式的调整更加方便。内容和样式的分离,使页面和样式的调整变得更加方便。

5. CSS 的极大优势表现在简洁的代码,对于一个大型网站来说,可以节省大量带宽,而且众所周知,搜索引擎偏向于简洁的代码。

6. 表现和结构分离,在团队开发中更容易分工合作而减少相互关联性。

在【设计】视图中,可以使 CSS 布局块可视化。在菜单栏中选择"查看">"设计视图选项">"可视化助理"命令,可启用或禁用 CSS 布局背景(自动为每个 CSS 布局块分配一种不同的背景颜色)、CSS 布局框模型和 CSS 布局外框,如图 11-12 所示。

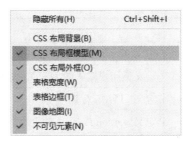

图 11‐12　"可视化助理"命令

11.2.1　CSS 标准流

1. **标准流**

元素排版布局过程中,元素会自动从左往右、从上往下的流式排列,最终窗体自上而下分成一行行,并在每行中从左至右的顺序排放元素。默认的宽度,就是文字的宽度。要让一个元素不在标准流中,唯一的方法就是使之成为浮动元素或定位元素。

2. **块级元素 block**

(1) 在页面中以区域块的形式出现,其特点是,独自占据一行或多行,不能与其他任何元素并列,可以对其设置宽度 width、高度 height、外边距 margin、内边距 padding 等属性。元素的宽度如果不设置的话,默认为父元素的宽度(父元素宽度 100%),常用于网页布局和网页结构的搭建。可以容纳行内元素和其他块级元素(表 11‐1)。

表 11‐1

序号	标签	描述
1	<address>	定义文档或文章的作者/拥有者的联系信息
2	<article>	定义文章
3	<aside>	定义页面内容之外的内容
4	<audio>	定义声音内容
5	<blockquote>	定义长的引用
6	<canvas>	定义图形
7	<caption>	定义表格标题
8	<dd>	定义列表中项目的描述
9	<div>	定义文档中的节
10	<dl>	定义列表
11	<dt>	定义列表中的项目
12	<details>	定义元素的细节
13	<fieldset>	定义围绕表单中元素的边框
14	<figcaption>	定义 figure 元素的标题
15	<figure>	定义媒介内容的分组,以及它们的标题

续表

序号	标签	描述
16	<footer>	定义 section 或 page 的页脚
17	<form>	定义供用户输入的 HTML 表单
18	<h1>~<h6>	定义 HTML 标题
19	<header>	定义 section 或 page 的页眉
20	<hr>	定义水平线
21	<legend>	定义 fieldset 元素的标题
22	<li>	定义列表的项目
23	<menu>	定义命令的列表或菜单
24	<meter>	定义预定义范围内的度量
25	<nav>	定义导航链接
26	<noframes>	定义针对不支持框架的用户的替代内容
27	<noscript>	定义针对不支持客户端脚本的用户的替代内容
28	<ol>	定义有序列表
29	<output>	定义输出的一些类型
30	<p>	定义段落
31	<pre>	定义预格式文本
32	<section>	定义 section
33	<table>	定义表格
34	<tbody>	定义表格中的主体内容
35	<td>	定义表格中的单元
36	<tfoot>	定义表格中的表注内容(脚注)
37	<th>	定义表格中的表头单元格
38	<thead>	定义表格中的表头内容
39	<time>	定义日期/时间
40	<tr>	定义表格中的行
41	<ul>	定义无序列表

（2）块级元素垂直外边距的合并

相邻块级元素垂直外边距的合并：当上下相邻的两个块级元素相遇时，如果上面的元素有下外边距 margin-bottom，下面的元素有上外边距 margin-top，则他们之间的垂直间距不是 margin-bottom 与 margin-top 之和，而是两者中的较大者。这种现象被称为相邻块级元素垂直外边距的合并（也称外边距塌陷）。

嵌套块级元素垂直外边距的合并：对于两个嵌套关系的块级元素，如果父元素没有上内边距及边框，则父元素的上外边距会与子元素的上外边距发生合并，合并后的外边距为两者中的较大者，即使父元素的上外边距为 0，也会发生合并。如果希望嵌套块元素垂直外边距不合并,可以通过以下两种方法解决这个问题:① 给父元素加上上边框(border-top);② 给父元素加上上内边距(padding-top);③ 给父元素样式加上 overflow:hidden。

3. 行内元素 inline

又称内联元素,与其他行内元素并排,相邻的行内元素会排列在同一行里,直到一行排不下了,才会换行,仅仅靠自身的字体大小和图像尺寸来支撑结构,一般不可以设置宽度、高度等属性,水平方向的 padding-left、padding-right、margin-left、margin-right 都产生边距效果;但竖直方向的 padding-top、padding-bottom、margin-top、margin-bottom 不会产生边距效果。常用于控制页面中文本的样式。内联元素只能容纳文本或者其他内联元素(表 11 - 2)。

表 11 - 2

序号	标签	描述
1	<a>	定义锚
2	<abbr>	定义缩写
3	<acronym>	定义只取首字母的缩写
4	<b>	定义粗体字
5	<bdo>	定义文字方向
6	<big>	定义大号文本
7	
	定义简单的折行
8	<button>	定义按钮(pushbutton)
9	<cite>	定义引用(citation)
10	<code>	定义计算机代码文本
11	<command>	定义命令按钮
12	<dfn>	定义项目
13	<del>	定义被删除文本
14	<em>	定义强调文本
15	<embed>	定义外部交互内容或插件
16	<i>	定义斜体字
17	<img>	定义图像
18	<input>	定义输入控件
19	<kbd>	定义键盘文本
20	<label>	定义 input 元素的标注
21	<map>	定义图像映射
22	<mark>	定义有记号的文本
23	<object>	定义内嵌对象
24	<progress>	定义任何类型的任务的进度
25	<q>	定义短的引用

序号	标签	描述
26	\<samp>	定义计算机代码样本
27	\<select>	定义选择列表(下拉列表)
28	\<small>	定义小号文本
29	\<span>	定义文档中的节
30	\<strong>	定义强调文本
31	\<sub>	定义下标文本
32	\<sup>	定义上标文本
33	\<textarea>	定义多行的文本输入控件
34	\<time>	定义日期/时间
35	\<tt>	定义打字机文本
36	\<var>	定义文本的变量部分
37	\<video>	定义视频
38	\<wbr>	定义可能的换行符

4. 行内块级元素 inline-block

既具有块级元素的特点,也有行内元素的特点,可以和其他行内或行内块级元素放置在同一行上,元素的高度、宽度、行高以及顶和底边距都可设置(表11-3)。

表 11 - 3

序号	标签	描述
1	\<button>	按钮
2	\<del>	定义文档中已被删除的文本
3	\<iframe>	创建包含另外一个文档的内联框架(即行内框架)
4	\<ins>	标签定义已经被插入文档中的文本
5	\<map>	客户端图像映射(即热区)
6	\<object>	object 对象
7	\<script>	客户端脚本

5. display 属性

使用 display 属性对块级元素和行内元素进行转换。一般会用 display:block、display:inline 或者 display:inline-block 来调整元素的布局级别。

inline:此元素显示为行内元素(行内元素默认 display 属性值)。

block:此元素显示为块级元素(块元素默认 display 属性值)。

inline-block:此元素将显示为行内块级元素,可以对其设置宽高和对齐等属性,但是该元素不会独占一行。

none：此元素将被隐藏，不显示，也不占用页面空间，相当于该元素不存在。

11.2.2　CSS 定位

1. float 定位

元素的浮动是指设置了浮动属性的元素会脱离标准流的控制，移动到其父元素中指定位置的过程。在 CSS 中，通过 float 属性来定义浮动（表 11‑4），其基本语法格式如下：

选择器{

　　float：属性值；

}

表 11‑4

属性值	描述
left	元素向左浮动
right	元素向右浮动
none	元素不浮动（默认值）

浮动规则：

（1）多个浮动元素不会相互覆盖，一个浮动元素的框碰到另一个浮动元素的框后便停止运动。无浮动如图 11‑13 所示，向左浮动如图 11‑14 所示。

（2）若包含的容器太窄，无法容纳水平排列的浮动元素，那么其他浮动块向下移动，直到有足够的空间，没有足够的水平空间如图 11‑15 所示。但如果浮动元素的高度不同，那当它们向下移动时可能会被卡住，不同高度如图 11‑16 所示。

图 11‑13　无浮动

（图片来源：学习强国网址　https：//www. xuexi. cn/lgpage/detail/index. html？id＝1482544927985705416&item_id ＝1482544927985705416）

图 11‑14　向左浮动　　　　　　　　　　图 11‑15　容器太窄

（图片来源：学习强国网址　　https://www.xuexi.cn/lgpage/detail/
index.html? id=1482544927985705416&item_id=1482544927985705
416）

图 11‑16　浮动元素高度不同

（图片来源：学习强国网址　　https://www.xuexi.cn/lgpage/detail/index.html? id=9614314786377571198&item_id=9614314786377571198
　　　　　学习强国网址　　https://www.xuexi.cn/lgpage/detail/index.html? id=7775331977841823099&item_id=7775331977841823099
　　　　　学习强国网址　　https://www.xuexi.cn/lgpage/detail/index.html? id=8693345338348337926&item_id=8693345338348337926
　　　　　学习强国网址　　https://www.xuexi.cn/lgpage/detail/index.html? id=14593673019732680852&item_id=14593673019732680
　　　　　852）

2. 清除浮动

由于浮动元素不再占用原标准流的位置，所以它会对页面中其他元素的排版产生影响，例如，对子元素设置浮动时，如果不对父元素定义高度，则子元素的浮动会对父元素产生影响，如图 11-17 所示，子元素<img>向左浮动，<p>向右浮动，父元素<div>的高度不能自动伸长以适应内容的高度，使得内容溢出到 Div 容器外面而影响布局。

这时就需要在该元素中清除浮动，常用的三种清除浮动的方法有：

（1）使用空标记清除浮动。在需要清除浮动的父元素内部的所有浮动元素后添加一个空标签（如<div>、<p>等）清除浮动，并为其定义 CSS 代码：clear:both，如图 11-18 所示。

图 11-17 子元素的浮动影响父元素

（图片来源：学习强国网址 https://www.xuexi.cn/lgpage/detail/index.html? id=10318163801985605291&item_id=10318163801985605291）

在 CSS 中，clear 属性用于清除浮动，其基本语法格式如下：

```
选择器{
    clear:属性值；
}
```

clear 属性只能清除元素左右两侧浮动的影响（表 11-5）。

表 11-5

属性值	描述
none	默认值，允许两侧都有浮动元素
left	不允许左侧有浮动元素（清除左侧浮动的影响）

续表

属性值	描述
right	不允许右侧有浮动元素（清除右侧浮动的影响）
both	同时清除左右两侧浮动的影响

```
<style type="text/css">
.content {
    background-color: beige;
    border: 4px dotted;
}
.content img {
    float: left;
    width: 40%;
    height: auto;
}
.content p {
    float: right;
    width: 58%;
}
.clear {
    clear: both;/*清除浮动*/
}
</style>
```

```
<div class="content"><img src="images/西湖湖心
亭.jpg" width="600" height="401" alt=""/>
    <p>清联赏析·金安清题西湖湖心亭<br>
    春水绿浮珠一颗; <br>
    夕阳红湿地三弓。<br>
    【作者】<br>
    金安清 (1816-1878) , 字眉生, 号倪斋。浙江嘉善人。
    <br>
    【注释】<br>
    此联题浙江杭州西湖湖心亭。"春水", 春天的河湖之水。杨维
    祯《雨后云林图》诗云: "浮云载山山欲行, 桥头雨余春水
    生。""夕阳", 傍晚的太阳。"红湿", 红光铺洒, 如浸染湿
    透。"弓", 旧制丈量单位。五尺为一弓。"三弓", 犹言小
    巧。<br>
    【简评】<br>
    上联将湖心亭喻为浮在碧波荡漾水面上的一颗明珠, 极为形
    象。下联贴切地描绘夕阳映湖、湖亭倒影的美景。联
    语"红""绿"相对, 色彩鲜明; "浮""湿"互应, 呼之欲出, 给
    人以视觉的享受和触觉的体悟, 生动传神。</p>
    <!--在需要清除浮动的父元素(<div>)内部的所有浮动元素
    (<img><p>)后添加一个空标签 (如: div、p等) 清除浮动-->
    <div class="clear"></div>
</div>
```

图 11-18 使用空标记清除浮动

（2）使用 overflow 属性清除浮动。对父元素应用"overflow:hidden;"或"overflow: auto;"样式来清除浮动对元素的影响,是制作网页时常用的一种方法,如图 11-19 所示。

（3）使用伪对象 E::after 清除浮动。如图 11-20 所示。

3. position 定位

在 CSS 布局中,position 发挥着非常重要的作用,很多容器的定位都是用 position 来完

成的,元素的位置通过"left""top""right"以及"bottom"属性进行规定(表 11 - 6),如图 11 - 21 所示。其基本语法格式如下:

选择器{

　　position:属性值;

}

```
<style type="text/css">
.content {
    background-color: beige;
    border: 4px dotted;
    overflow: hidden;/*清除浮动*/
    /*或overflow: auto;*/
}
.content img {
    float: left;
    width: 40%;
    height: auto;
}
.content p {
    float: right;
    width: 58%;
}
</style>
```

图 11 - 19　使用 overflow 属性清除浮动

```
<style type="text/css">
.content {
    background-color: beige;
    border: 4px dotted;
}
.content img {
    float: left;
    width: 40%;
    height: auto;
}
.content p {
    float: right;
    width: 58%;
}
.content::after {
    content: ".";
    display: block;
    height: 0;
    clear: both;
    visibility: hidden;
}
</style>
```

图 11 - 20　使用伪对象 E::after 清除浮动

表 11 - 6

属性值	描述
static	自动定位(默认定位方式,忽略 top,bottom,left,right 或者 z-index 声明)
relative	相对定位,相对于其原标准流的位置进行定位。在使用相对定位时,无论是否进行移动,元素仍然占据原来的空间,因此,移动元素会导致它覆盖其他元素
absolute	绝对定位,相对于其上一个已经定位的父元素进行定位,如果没有已定位的父元素,它将使用文档主体(body),并随页面滚动一起移动
fixed	固定定位,相对于浏览器窗口进行定位
sticky	黏性定位,根据用户的滚动位置进行定位,起先元素会被相对定位,直到在视口中给定的偏移位置为止,此时会固定在目标位置
inherit	规定应该从父元素继承 position 属性的值

(1) 新建 HTML 文档

新建空白文档,定义文档标题为"position",保存到站点根目录。在【设计】视图中,将光标定位在需要插入 Div 的位置,选择【插入】面板的 HTML 选项卡,单击"Div"按钮 ⟨⟩ ,打开

"插入 Div"对话框,在"插入"下拉列表框中选择"在插入点",在"ID"下拉列表框中输入 ID 名称"header",单击"确定"按钮。删除 Div 中多余文字,在【插入】面板中单击"Hyperlink"按钮 , 打开"Hyperlink"对话框,在"文本"框中输入一个空格,在"链接"下拉列表框中输入♯,如图 11-22 所示,单击"确定"按钮,在该 Div 中插入超链接。

图 11‑21 体育教育与人文学网页导航栏

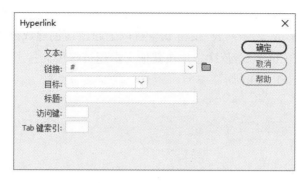

图 11 - 22　插入空链接

选择【插入】面板的表单选项卡,单击"表单"按钮 ▤,在超链接后面插入表单区域。将光标定位在表单区域中,在【插入】面板中单击"搜索"按钮 🔍,在表单中插入搜索文本域。在【插入】面板中单击"提交"按钮 ☑,在搜索文本域后面插入提交按钮。定位在搜索文本域的 Search 文本域上,在状态栏中的标签选择器上选择<label>标签,按 Backspace 键,删除该文本域。

在状态栏中的标签选择器上选择<div>标签,如图 11 - 23 所示,选择【插入】面板的 HTML 选项卡,单击"Div"按钮 ◇,打开"插入 Div"对话框,在"插入"下拉列表框中选择"在标签结束之前",在第二个下拉列表中选择<body>标签,在"ID"下拉列表框中输入 ID 名称 "navbar",单击"确定"按钮,删除 Div 中多余文字。

```
1   <!doctype html>
2 ▼ <html>
3 ▼ <head>
4   <meta charset="utf-8">
5   <title>position</title>
6   </head>
7
8 ▼ <body>
9 ▼ <div id="header"><a href="#"> </a>
10 ▼   <form id="form1" name="form1" method="post">
11      <input type="search" name="search" id="search">
12      <input type="submit" name="submit" id="submit" value="提交">
13    </form>
14  </div>
15  </body>
16  </html>
```

图 11 - 23　选择<div>标签

在【插入】面板中单击"Hyperlink"按钮 🔗,打开"Hyperlink"对话框,在"文本"框中输入"学院概况",在"链接"下拉列表框中输入♯,单击"确定"按钮。重复此操作,依次添加以下文本超链接：学院新闻、通知公告、党团活动、专业建设、人才培养、平台建设、相关链接。

在【插入】面板中单击"无序列表"按钮 **ul** ，将以上超链接创建成列表，定位在文本超链接"学院概况"后面，按 Enter 键，依次定位在其他文本超链接后面按 Enter 键，进行换行，创建无序列表，效果如图 11 - 24 所示。

图 11 - 24　创建无序列表

在状态栏中的标签选择器上选择＜div＞标签，在【插入】面板中单击"Div"按钮 ，打开"插入 Div"对话框，在"插入"下拉列表框中选择"在标签结束之前"，在第二个下拉列表中选择＜body＞标签，在"ID"下拉列表框中输入 ID 名称"main"，单击"确定"按钮，删除 Div 中多余文字。

在【插入】面板中单击"Div"按钮 ，打开"插入 Div"对话框，在"插入"下拉列表框中选择"在标签结束之前"，在第二个下拉列表中选择＜body＞标签，在"ID"下拉列表框中输入 ID 名称"tips"，单击"确定"按钮，删除 Div 中多余文字。在【插入】面板中单击"Hyperlink"按钮 ，打开"Hyperlink"对话框，在"文本"框中输入"返回顶部"，在"链接"下拉列表框中输入 ♯，单击"确定"按钮。在【插入】面板中单击"Image"按钮 ，打开"选择图像源文件"对话框，选择 images 文件夹中的图像文件"南京体育学院微信.jpg"，单击"确定"按钮。定位在图片后面，输入文字"南京体育学院微信公众号"。效果如图 11 - 25 所示。

在【DOM】面板中选择第一个超链接，如图 11 - 26 所示，在菜单栏中选择"窗口"＞"属性"，打开【属性】面板，在"ID"下拉列表框中输入 ID 名称"header_logo"（或直接在【DOM】面板中双击＜a＞标签后面空白区域输入"♯header_logo"，即设置了超链接的 ID 名称，如图 11 - 27 所示）。

在【DOM】面板中选择 ID 名称为"search"的＜input＞标签，在【属性】面板的"Place Holder"文本框中输入"搜索"，在【DOM】面板中选择 ID 名称为"submit"的＜input＞标签，在【属性】面板的"Value"文本框中删除"提交"二字，输入一个空格。

```
1    <!doctype html>
2  ▼ <html>
3  ▼ <head>
4    <meta charset="utf-8">
5    <title>position</title>
6    </head>
7
8  ▼ <body>
9  ▼ <div id="header"><a href="#"> </a>
10 ▼   <form id="form1" name="form1" method="post">
11       <input type="search" name="search" id="search">
12       <input type="submit" name="submit" id="submit" value="提交">
13     </form>
14   </div>
15 ▼ <div id="navbar">
16 ▼   <ul>
17       <li><a href="#">学院概况</a></li>
18       <li><a href="#">学院新闻</a></li>
19       <li><a href="#">通知公告</a></li>
20       <li><a href="#">党团活动</a></li>
21       <li><a href="#">专业建设</a></li>
22       <li><a href="#">人才培养</a></li>
23       <li><a href="#">平台建设</a></li>
24       <li><a href="#">相关链接</a></li>
25     </ul>
26   </div>
27   <div id="main"></div>
28 ▼ <div id="tips">
29     <a href="#">返回顶部</a>
30     <img src="images/南京体育学院微信.jpg" width="100" height="100" alt=""/>
31     南京体育学院微信公众号
32   </div>
33   </body>
34   </html>
```

图 11－25　插入 ID 名称为"tips"的 Div

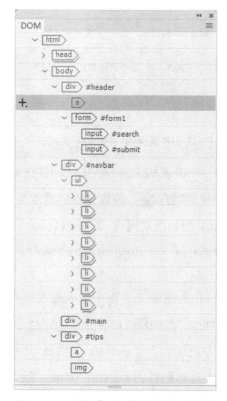

图 11－26　使用【DOM】面板选择超链接

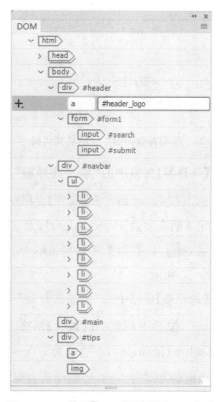

图 11－27　使用【DOM】面板输入 ID 名称

（2）创建并链接外部样式表

打开【CSS 设计器】面板，单击【源】窗格中的"添加 CSS 源" ✚，在弹出菜单中，选择"创建新的 CSS 文件"选项，打开"创建新的 CSS 文件"对话框，单击"浏览"按钮，打开"将样式表文件另存为"对话框，指定保存 CSS 样式表的位置（在站点中创建 css 文件夹，用来存放 CSS 样式表）和 CSS 样式表的名称（position），单击"保存"按钮，将新建的 CSS 样式表附加到文档（"添加为"选项选择"链接"），单击"确定"按钮。此时，在 HTML 文档头部，使用＜link＞标签链接了新建的外部样式表（position. css）。

（3）新建 CSS 样式

选择【源】窗格中的"position. css"选项，单击【选择器】窗格中的"添加选择器"按钮 ✚，在出现的文本框中输入通配符选择器" ＊ "，按 Enter 键。在【属性】窗格中选择"布局"类别 ▦，设置元素的外边距为 0（设置速记，margin：0），元素的内边距为 0（设置速记，padding：0）。样式代码如图 11‐28 所示。

单击【选择器】窗格中的"添加选择器"按钮 ✚，在出现的文本框中输入 ID 选择器" ♯ header"，按 Enter 键。在【属性】窗格中选择"布局"类别 ▦，设置元素的宽度为 1 080 px（width），元素的高度为 54 px（height），元素的上和下外边距为 0，右和左外边距为 auto，使元素水平居中（设置速记，margin：0 auto），元素的定位类型为相对定位 relative（position）。样式代码如图 11‐29 所示。

```
* {
    margin: 0;
    padding: 0;
}
```

```
#header {
    width: 1080px;
    height: 54px;
    margin: 0 auto;
    position: relative;
}
```

图 11‐28　通配符选择器" ＊ "的样式代码　　**图 11‐29　ID 选择器" ♯ header"的样式代码**

单击【选择器】窗格中的"添加选择器"按钮 ✚，在出现的文本框中输入 ID 选择器" ♯ header_logo"，按 Enter 键。在【属性】窗格中选择"布局"类别 ▦，设置元素的宽度为 575 px（width），元素的高度为 54 px（height），元素的定位类型为绝对定位 absolute（position）。选择"背景"类别 ▨，设置背景图像（background-image：url(. . /images/logo. png)）。样式代码如图 11‐30 所示。

单击【选择器】窗格中的"添加选择器"按钮 ✚，在出现的文本框中输入后代选择器" ♯ header form"，按 Enter 键。在【属性】窗格中选择"布局"类别 ▦，设置元素的定位类型为绝对定位 absolute（position），上边缘为 10 px（top），左边缘为 750 px（left）。选择"边框"类别 ▦，设置边框的宽度为 1 px，边框样式为实线 solid，边框颜色为 gray（在 border"设置速记"文本框中输入 1 px solid gray），如图 11‐31 所示。样式代码如图 11‐32 所示。

```
#header_logo {
    width: 575px;
    height: 54px;
    position: absolute;
    background-image: url(../images/logo.png);
}
```

图 11－30　ID 选择器"♯header_logo"的样式代码

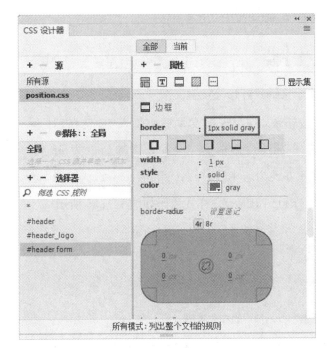

```
#header form {
    position: absolute;
    top: 10px;
    left: 750px;
    border: 1px solid gray;
}
```

图 11－31　后代选择器"♯header form"的属性设置　　图 11－32　后代选择器"♯header form"的样式代码

　　单击【选择器】窗格中的"添加选择器"按钮➕，在出现的文本框中输入 ID 选择器"♯search"，按 Enter 键。在【属性】窗格中选择"边框"类别▣，边框样式为无 none(border-style)。选择"文本"类别Ⓣ，设置文本大小为 17px(font-size)。样式代码如图 11－33 所示。

```
#search {
    border-style: none;
    font-size: 17px;
}
```

图 11－33　ID 选择器"♯search"的样式代码

　　单击【选择器】窗格中的"添加选择器"按钮➕，在出现的文本框中输入 ID 选择器"♯submit"，按 Enter 键。在【属性】窗格中选择"边框"类别▣，边框样式为无 none(border-style)。选择"布局"类别▦，设置元素的宽度为 30 px(width)，元素的高度为 30 px(height)。选择"背景"类别▨，设置背景图像(background-image：url(../images/searchimg.png))。样式代码如图

11-34 所示。ID 名称为"header"的 Div 的效果如图 11-35 所示。

```
#submit {
    border-style: none;
    width: 30px;
    height: 30px;
    background-image: url(../images/searchimg.png);
}
```

图 11-34　ID 选择器"♯submit"的样式代码

 **体育教育与人文学院**

图 11-35　ID 名称为"header"的 Div 的效果

单击【选择器】窗格中的"添加选择器"按钮 ✚，在出现的文本框中输入 ID 选择器"♯navbar"，按 Enter 键。在【属性】窗格中选择"布局"类别 ▦，设置元素的高度为 45 px (height)。选择"文本"类别 Ｔ，设置水平对齐方式为居中 ▤ (text-align：center)。选择"背景"类别 ▨，设置背景颜色为♯435336(background-color)。样式代码如图 11-36 所示。

```
#navbar {
    height: 45px;
    text-align: center;
    background-color: #435336;
}
```

图 11-36　ID 选择器"♯navbar"的样式代码

单击【选择器】窗格中的"添加选择器"按钮 ✚，在出现的文本框中输入后代选择器"♯navbar ul"，按 Enter 键。在【属性】窗格中选择"布局"类别 ▦，设置元素的宽度为 1 080 px (width)，元素的高度为 45 px(height)，设置元素显示为行内块元素(display：inline-block)。样式代码如图 11-37 所示。

单击【选择器】窗格中的"添加选择器"按钮 ✚，在出现的文本框中输入后代选择器"♯navbar ul li"，按 Enter 键。在【属性】窗格中选择"布局"类别 ▦，设置元素向左浮动(float：left)，元素的宽度为 135 px(width)。选择"文本"类别 Ｔ，设置文本所在高度为 45 px(line-height)，设置列表项标记的类型为无 none(list-style-type：none)。样式代码如图 11-38 所示。

```
#navbar ul {
    width: 1080px;
    height: 45px;
    display: inline-block;
}
```

```
#navbar ul li {
    float: left;
    width: 135px;
    line-height: 45px;
    list-style-type: none;
}
```

图 11-37　后代选择器"♯navbar ul"的样式代码　　**图 11-38　后代选择器"♯navbar ul li"的样式代码**

单击【选择器】窗格中的"添加选择器"按钮 ✚ ，在出现的文本框中输入后代选择器"♯navbar ul li a"，按 Enter 键。在【属性】窗格中选择"布局"类别 ▥ ，设置元素的高度为 45 px（height）。选择"文本"类别 Ⓣ ，设置文本颜色为白色♯FFFFFF（color），文本字体为黑体（font-family），文本的修饰为无（即去掉文本链接的下划线，text-decoration：none）。样式代码如图 11 - 39 所示。导航菜单的效果如图 11 - 40 所示。

```
#navbar ul li a {
        height: 45px;
        color: #FFFFFF;
        font-family: "黑体";
        text-decoration: none;
}
```

图 11 - 39　后代选择器"♯navbar ul li a"的样式代码

图 11 - 40　导航菜单的效果

单击【选择器】窗格中的"添加选择器"按钮 ✚ ，在出现的文本框中输入 ID 选择器"♯tips"，按 Enter 键。在【属性】窗格中选择"布局"类别 ▥ ，设置元素的定位类型为固定定位 fixed（position），下边缘为 0 px（bottom），右边缘为 0 px（right），元素的宽度为 100 px（width）。选择"边框"类别 ▢ ，设置边框的宽度为 3 px，边框样式为实线 solid，边框颜色为♯435336（在 border"设置速记"文本框中输入 3 px solid ♯435336）。选择"文本"类别 Ⓣ ，设置水平对齐方式为居中 ☰ （text-align：center），文本颜色为♯435336（color）。样式代码如图 11 - 41 所示。

单击【选择器】窗格中的"添加选择器"按钮 ✚ ，在出现的文本框中输入后代选择器"♯tips a"，按 Enter 键。在【属性】窗格中选择"文本"类别 Ⓣ ，文本的修饰为无（即去掉文本链接的下划线，text-decoration：none），文本颜色为♯435336（color）。样式代码如图 11 - 42 所示。

```
#tips {
    position: fixed;
    bottom: 0px;
    right: 0px;
    width: 100px;
    border: 3px solid #435336;
    text-align: center;
    color: #435336;
}
```

```
#tips a {
    text-decoration: none;
    color: #435336;
}
```

图 11 - 41　ID 选择器"♯tips"的样式代码　　**图 11 - 42　后代选择器"♯tips a"的样式代码**

保存文档,按 F12 键预览效果,如图 11‑43 所示。

图 11‑43　使用 position 定位导航栏

11.2.3　常见的布局类型

所谓布局,就是将网页中的各个板块放置在合适的位置。布局一般分为表格布局、框架布局和 CSS+Div 布局模型等几种。其中表格布局和 CSS+Div 布局是最常用和最流行的。

1. 一列固定宽度

一列式布局是所有布局的基础,也是最简单的布局形式。一列固定宽度中,宽度的属性值是固定像素。由于是固定宽度,因此无论怎样改变浏览器窗口大小,DIV 的宽度都不会改变。下面举例说明一列固定宽度的布局方法,具体步骤如下:

在 HTML 文档的<head>与</head>之间相应的位置输入定义的 CSS 样式代码,如下所示。

```
<style type="text/css">
#Layer{
  background-color：#ddd;
  width：500 px;
  height：300 px;
}
</style>
```

然后在 HTML 文档的<body>与</body>之间的正文中输入以下代码,给 DIV 使用"Layer"作为 id 名称。

```
<div id="Layer">DIV 一列固定宽度</div>
```

2. 一列自适应

自适应布局是网页设计中常见的一种布局形式，自适应的布局能够根据浏览器窗口的大小，自动改变其宽度值和高度值，是一种非常灵活的布局形式。良好的自适应布局网站对不同分辨率的显示器都能提供最好的显示效果。自适应布局需要将宽度由固定值改为百分比。具体步骤如下：

在 HTML 文档的<head>与</head>之间相应的位置输入定义的 CSS 样式代码，如下所示。

```
<style type="text/css">
html,body{height:100%;}
#Layer {
    background-color: #ddd;
    width:70%;
    height:70%;
}
</style>
```

然后在 HTML 文档的<body>与</body>之间的正文中输入以下代码，给 DIV 使用"Layer"作为 id 名称。

```
<div id="Layer">DIV 一列自适应</div>
```

注意：在上面的 CSS 代码中，必须要添加 html,body {height:100%}，如果不添加该句将看不到高度在浏览器中所占的百分比。这是因为当浏览器读取到 Layer 样式时，html 和 body 还没有载入页面，所以无从得知 html 和 body 的高度。

3. 两列固定宽度

两列固定宽度布局的制作方法非常简单。两列的布局需要用到两个 DIV，分别将两个 DIV 的 id 设置为"left"和"right"，表示两个 DIV 的名称。首先为它们设定宽度，然后让两个 DIV 在水平线并排显示，从而形成两列式布局，具体步骤如下：

在 HTML 文档的<head>与</head>之间相应的位置输入定义的 CSS 样式代码，如下所示。

```
<style type="text/css">
#left {
    background-color : #ddd;
    width: 500 px;
    height: 300 px;
    float: left;
}
#right {
    background-color : #ccc;
    width: 500 px;
    height: 300 px;
```

```
    float：left;
}
</style>
```

然后在 HTML 文档的<body>与</body>之间的正文中输入以下代码,给 DIV 使用
"left"和"right"作为 id 名称。

```
<div id="left">左列</div>
<div id="right">右列</div>
```

4. 两列宽度自适应

下面使用两列宽度自适应性,来实现左右栏宽度能够做到自适应,设置自适应主要通过
宽度的百分比值设置,CSS 代码修改如下:

```
<style type="text/css">
#left {
    background-color ：#ddd;
    width：50%;
    height：300 px;
    float：left;
}
#right {
    background-color ：#ccc;
    width：40%;
    height：300 px;
    float：left;
}
</style>
```

5. 三列浮动中间宽度自适应

使用浮动定位方式,从一列到多列的固定宽度及自适应,基本上可以简单完成,包括三列
的固定宽度。在这里设计一个三列式布局,其中左栏要求固定宽度,并居左显示,右栏要求固
定宽度并居右显示,而中间栏需要在左栏和右栏的中间,根据左右栏的间距变化自动适应。完
成该要求需要使用到绝对定位。前面的浮动定位方式主要由浏览器根据对象的内容自动进行
浮动方向的调整,但是这种方式不能满足定位需求时,就需要使用绝对定位。具体步骤如下:

在 HTML 文档的<head>与</head>之间相应的位置输入定义的 CSS 样式代码,如
下所示。

```
<style type="text/css">
body {margin：0 px;}
#left {
    background-color ：#ddd;
    width：100 px;
```

```
        height：200 px；
        position：absolute；
        left：0 px；
        top：0 px；
    }
    #content {
        background-color：#ccc；
        height：200 px；
        margin-left：100 px；
        margin-right：100 px；
    }
    #right {
        background-color：#ddd；
        width：100 px；
        height：200 px；
        position：absolute；
        right：0 px；
        top：0 px；
    }
</style>
```

然后在 HTML 文档的<body>与</body>之间的正文中输入以下代码，给 DIV 使用"left""content"和"right"作为 id 名称。

```
<div id="left">左列</div>
<div id="content">中间</div>
<div id="right">右列</div>
```

课后习题

制作"全民健身"登录页面

知识要点：使用"Div"命令，插入 Div；使用"Image"命令，插入图像；使用"文本"命令，插入表单单行文本域；使用"密码"命令，插入表单密码域；使用"Hyperlink"命令，插入超链接；使用【CSS 设计器】面板，创建外部样式表，新建 CSS 样式。

第 11 章习题详解